光伝送回路

Optical Network and Circuit Synthesis

小関　健　著

社団法人 電子情報通信学会編

はじめに
Preface

　この本は読むと，こんな身近に分からないこと，厳密でないことがたくさんある，と気づくはずである．最近の話題や我々の研究会などで討議されている事柄に，すぐにつながるような整理を心がけた．

　これまで，光システムを勉強しようとすると，システム構成がどのようになっているかに多くの関心が払われ，自分の問題として，コンピュータでモデルシステムを記述して検討しようとしても，システム記述ができない．この本では，光伝送回路(すなわち，ネットワーク)の構成要素を伝達関数行列で表現して，周波数特性，時間波形など，コンピュータで計算し図面化して，直感的に考え，定量的に検討できる基礎を与えている．

　以下の章で述べられる事項がネットワーク全体にどう関連しているかを理解しやすくするため，光ネットワークの構成の概要を次ページに示す．抽象的で分かりにくいであろうが，機会あるたびに眺め味わってほしい．

　光伝送回路は「光システム」そのものであるとの意識で，なんでも貪欲に自分のものにすることが，モデルシステム検討段階では必要である．コンピュータの上に構築するモデルシステム，すなわち仮想システム(virtual system)で，新方式を若者がどんどん創造し，未来システムを牽引することを期待する．

　また，日ごろ御指導を賜り，本書執筆の機会を頂き，本書の姉兄本ともいうべき「伝送回路」(コロナ社)の著者でもあられる辻井重男出版委員会委員長に感謝します．更に，身勝手な要望にも柔軟に対処され，本書を出版にまとめ上げられた電子情報通信学会出版事業部の編集スタッフに感謝します．

2000年8月

小関　健

光伝送回路

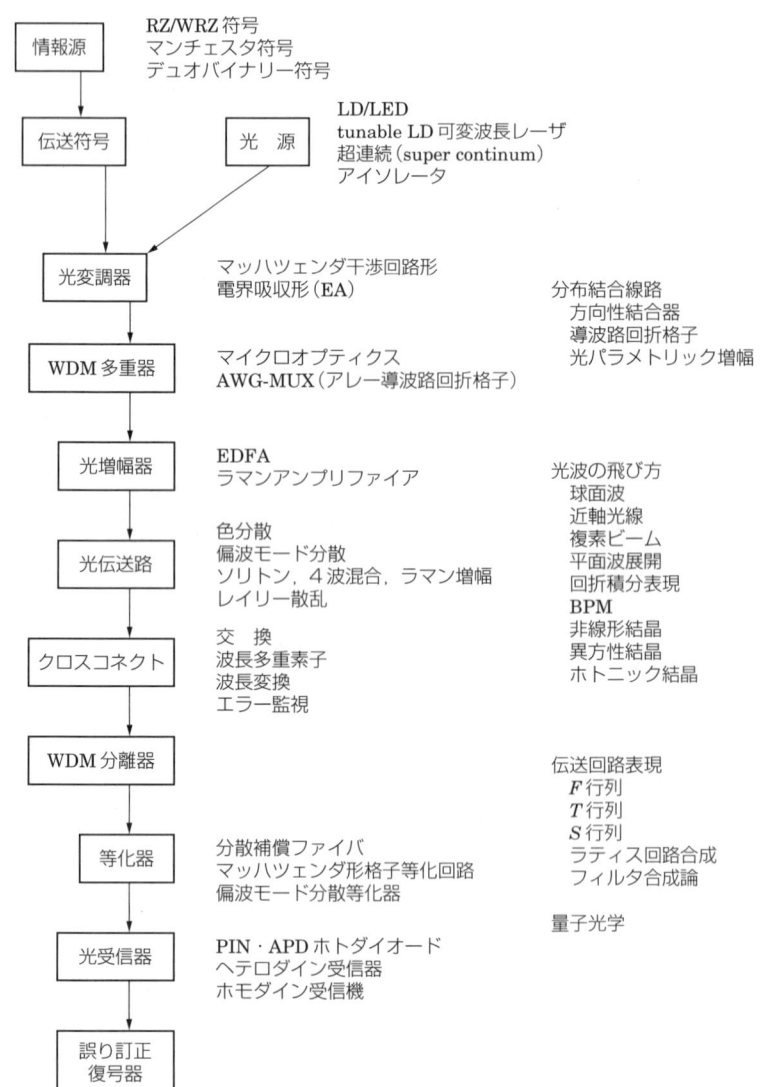

光伝送ネットワークと光伝送回路の対応図

目　次
Contents

第1章　光システムの表現
Representation of Systems

1.1 定常波表現と進行波表現 ･････････････････････････････････ 2
representation of photonic communication system

1.2 伝送線路の定在波表現と進行波表現，電力波表現 ･････････････ 3
standing wave and traveling wave and power wave representation

1.3 偏波モードの表現 ･･･････････････････････････････････････ 10
description of polarization modes

1.4 古典的表現の対応 ･･･････････････････････････････････････ 13
classical representation

   1.4.1 ストークスベクトル ･･････････････････････････････････ 13
   Stokes vector

   1.4.2 ジョーンズ行列 ･･････････････････････････････････････ 17
   Jones matrix

第2章　光伝送回路の測定
Measurements of Optical Transmission Circuits

2.1 偏波状態測定 ･･ 19
polarization state measurement

2.2 伝達関数行列，ジョーンズ行列の測定 ･････････････････････ 20
measurements of transfer function matrix and Jones matrix

2.3 光ネットワークアナライザ …………………………………………… 21
optical network analyzer

第3章　光ファイバの基本的事項
Fundamentals of Optical Fibers

3.1 HE_{11} モード ……………………………………………………………… 25
HE_{11} mode
3.2 モードインピーダンス ………………………………………………… 28
mode impedance
3.3 モード分散 ……………………………………………………………… 28
mode dispersion
3.4 電力と電界強度 ………………………………………………………… 29
modal power and electric field

第4章　光波の伝わり方
Description of Wave Propagation

4.1 近軸光線近似 …………………………………………………………… 32
paraxial ray approximation
4.2 複素ビーム ……………………………………………………………… 34
complex beam representation
4.3 幾何光学と複素ビーム ………………………………………………… 36
geometrical optics and complex beam
4.4 平面波展開 ……………………………………………………………… 42
planewaves expansion
4.5 ビーム伝搬法 …………………………………………………………… 45
beam propagation method

第5章 分布結合線路
Distributed Coupled Waveguides

- 5.1 一様な分布結合 ································· 50
  uniformly coupled waveguides
- 5.2 周期的な分布結合 ································· 54
  periodically coupled waveguides
- 5.3 非線形光学による分布結合線路（パラメトリック光増幅器）············ 56
  nonlinearly coupled waveguides (optical parametric amplifier)

第6章 異方性媒質の中の光伝搬
Light Wave Propagation in Anisotropic Medium

- 6.1 異方性媒質中の光波伝搬 ··························· 62
  light wave propagation in anisotropic medium
- 6.2 電気光学結晶 ····································· 64
  electro-optic crystals

第7章 伝送符号列
Transmission Line Codes

- 7.1 M系列擬似ランダム符号発生 ······················ 68
  maximum length sequence generator
- 7.2 デュオバイナリー伝送符号 ························ 70
  duobinary transmission code

第8章 光ファイバ伝達関数表現と光パルスひずみ
Transfer Function Representation of Optical Fibers

- 8.1 光ファイバ伝達関数と光パルスひずみ ·············· 73
  optical pulse distortion analysis
- 8.2 BPM非線形光パルス伝送解析 ····················· 76
  optical nonlinear pulse transmission analysis by beam propagation method

8.3 光ソリトン ………………………………………………………… 80
optical soliton

第9章 伝送フィルタ
Transmission Network Filters

9.1 関数近似フィルタ ………………………………………………… 83
approximation of ideal filter by rational functions
9.2 誘電体多層膜フィルタ …………………………………………… 88
multilayer dielectric film filters

第10章 光回路合成法
Optical Circuit Synthesis

10.1 多項式形ラティス回路合成法 …………………………………… 92
optical transversal filters
10.2 有理関数フィルタの光ラティス回路による合成 ……………… 97
optical lattice circuit synthesis of rational function filters
   10.2.1 結合リング共振フィルタの合成法 …………………………… 98
optical filters using coupled resonant rings
   10.2.2 回折格子形ラティス回路の合成 ……………………………… 100
synthesis of grating lattice filters

第11章 偏波モード分散
Polarization Mode Dispersion of Optical Fibers

11.1 偏波モード分散の概念 …………………………………………… 107
concept of polarization mode dispersion
11.2 数学的なPMDの定義 …………………………………………… 108
mathematical definition of polarization mode dispersion
11.3 伝達関数行列の等価ベクトル表現 ……………………………… 114
vector representation of transfer function matrix

11.4 偏波モード分散の測定 ……………………………………………… 117
　　 measurement of polarization mode dispersion

第12章　等　化　器
Optical Equalizer

12.1 分散等化器 ……………………………………………………… 122
　　 chromatic dispersion equalizer
12.2 1次PMDの等化法 ……………………………………………… 123
　　 equalization of the first-order PMD
12.3 超広帯域PMD等化法 …………………………………………… 124
　　 equalization of ultra broad band PMD

第13章　光受信器
Optical Receiver

13.1 直接光受信方式と雑音 ………………………………………… 130
　　 direct receiver and its noise
13.2 光増幅器の雑音 ………………………………………………… 135
　　 noise analysis of optical amplifier

あとがきと参考文献 …………………………………………………… 139
For Further Study and References

索　　引 ………………………………………………………………… 141
Index

第1章

光システムの表現
Representation of Systems

　光システムはマクスウェルの波動方程式に支配されているが，その解を等価回路で表現するという意識が光システムにも有効である．特に波動方程式の解は等価な伝達関数で表現される．ビーム伝搬法などによるマクスウェル方程式の直接解も基礎行列表現に用いられる．逆問題である光回路合成法も光非線形現象の解析に活用できる．これらの輪廻の認識はコンピュータ解析が手軽になったことにより標準的意識となりつつある．ここでは，光伝送回路表現の基礎を確認し，本書での問題解決の基礎発想を示す（図1.1）．

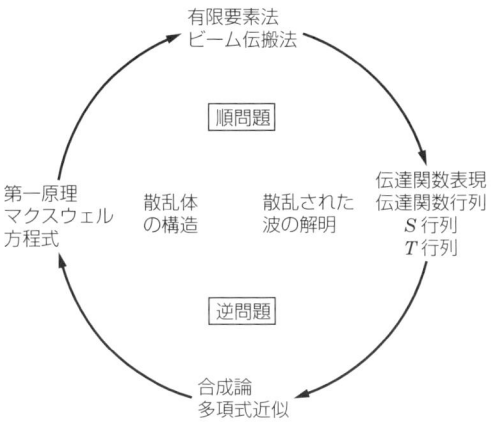

図 1.1　光伝送回路の輪廻

1.1 定常波表現と進行波表現
representation of photonic communication system

　伝送回路理論はマイクロ波など通信システムの主役を担った．光システムの記述もマイクロ波システムの記述の延長上に捉えることが可能である．これは測定の基本が電力測定であるという点で，マイクロ波と光波は共通であるためである．マクスウェル方程式を直接解いて，一般の導波管の曲がりや不連続部などを含む系全体の解析を行うことは極めて困難であり，また可能になるとしてもその解析は複雑になり，どのような現象が生じるかといった解釈が不可能になってしまう．交流回路論では，コンデンサやコイルの内部構造，誘電体の性質などとは無関係に容量やインダクタンスを定義し，端子から流入する電流，端子にかかる電圧に注目し，このような回路素子をいくつか組み合わせた複合系がどんな性質をもつか議論し，極めて有用な知識を得ることができた．

　マイクロ波でも，伝送線路上の電圧に導波管内横方向電界を電流に管内横方向に磁界を対応させることによってインピーダンスが定義され，交流回路論で使う概念の多くがそのまま使えるようになる．

　光システムでも光波インピーダンスの定義は全く同様であり，散乱行列（scattering matrix）や伝達行列（transfer matrix）を用い電力波複素振幅を状態ベクトルとして伝送回路論の概念や手法を，光領域に展開することが光システムにも可能であり有効である．

　コンピュータ能力の革命的進歩により光導波路の振舞いはビーム伝搬法（beam propagation method）などでマクスウェル方程式を直接解き，光回路素子の特性解析設計が手軽にできるようになっている．しかし，その解を用いて伝達関数表現を求め，光パルス伝送ひずみを評価したりすることが物理的理解の手助けとして有効である．

　光学は歴史が古いので，その技術発展段階ごとに記述法が展開されていて，しばしば前提条件が忘れられることもあり混乱しやすい．ジョーンズ行列は1940年代に考案されたのに対して，コヒーレント光の発生は1960年代である．コヒーレントな波動に関するマイクロ波回路論の厳密さや取扱いの明確さを，光システムは継承すべきである．ジョーンズ行列やストークスパラメ

ータも散乱行列などの表現で確認して利用したい．ジョーンズ行列は進行波電界を状態ベクトルとする．しかし，今後は，光領域では電力波複素振幅を使うことが薦められる[*1]．光領域でもこの表現が光波インピーダンスの変化の激しいハイブリッド光集積回路などを取り扱うとき，その便利さがわかる．本書では，光システムに不可欠な基本的部分だけを示す．光入出力信号を電力波複素振幅とする散乱行列や，伝達行列などの電力波複素振幅表現は，光システム表現の基本であり，以下に基本的事柄を整理する．

1.2 伝送線路の定在波表現と進行波表現，電力波表現
standing wave and traveling wave and power wave representation

電気回路論やマイクロ波回路論との接点をしっかり確認するため，伝送線路の波動の記述法を整理する．導体の平面の上に導体線を図1.2のように平行に張って一つの終端に電源をつなぐ．導体線の点z近傍で，線の回りに磁界が発生し単位長当たりに蓄えられる磁気エネルギーを電流の自乗で割って単位長当たりのインダクタンスLとし，蓄えられる電気エネルギーを電圧の自乗で割ってキャパシタンスCとする．L，Cはzに無関係な定数と考える．

導体線の電圧v，電流iに関する方程式をたてると

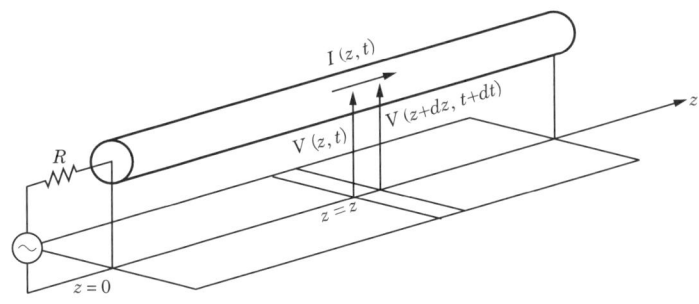

図**1.2** 一様な分布定数線路

[*1] この電力波複素振幅を状態ベクトルとする取扱いをマイクロ波領域で黒川兼行先生（K. Kurokawa: IEEE Trans. MTT., vol. 13, p. 875（1965））が提唱している．

$$\left. \begin{array}{l} \dfrac{\partial v}{\partial z} = -L\dfrac{\partial i}{\partial t} \\[2mm] \dfrac{\partial i}{\partial z} = -C\dfrac{\partial v}{\partial t} \end{array} \right\} \quad (1.1)$$

となる．上式をそれぞれ z, t で偏微分し，微分の順序の交換が許されることを仮定して，$i(z,t)$ に関する項を消去すれば

$$\dfrac{\partial^2 v}{\partial z^2} = CL\dfrac{\partial^2 v}{\partial t^2} = \dfrac{1}{c^2}\dfrac{\partial^2 v}{\partial t^2} \quad (1.2)$$

となる線路上の電圧の満足すべき偏微分方程式を得る．この波動方程式は当然ながらマクスウェルの式を導くTEM波の電磁界波動方程式と同じ形である．ここで，$c = 1/\sqrt{LC}$ であり，波動の速度に対応する．この実係数微分方程式は時間変化に対して特に $e^{j\omega t}$ だけを考えれば十分で，$Ve^{j\omega t}$, $Ie^{j\omega t}$ を計算する．これらの複素振幅 V, I は $\sqrt{2}e^{j\omega t}$ をかけてその実数部をとれば，測定可能な電圧，電流に対応すると解釈する．複素振幅表現を式(1.2)に代入すると

$$\dfrac{d^2 V}{dz^2} = -\dfrac{\omega^2}{c^2}V \quad (1.3)$$

となる．これは，定数係数微分方程式だから

$$V(z) = Ae^{-\gamma z} + Be^{+\gamma z} = Ae^{-j\beta z} + Be^{+j\beta z} \quad (1.4)$$

となる形の解を有している．ただし，A, B は入力，境界条件で定まる定数である．

ここで，γ は伝搬定数 (propagation constant) と呼ばれ

$$\gamma = j\beta, \quad \beta = \dfrac{\omega}{c} = \omega\sqrt{LC} \quad (1.5)$$

となり，β を位相定数 (phase constant) と呼ぶ．電流は式(1.1)を用いて

$$I(z) = -\dfrac{1}{jL\omega}\dfrac{dV}{dz} = \sqrt{\dfrac{C}{L}}\left(Ae^{-j\beta z} - Be^{+j\beta z}\right) \quad (1.6)$$

一般に二つの双対的物理量が現れたとき，その比を定義すると便利なことが多い．$+z$ 方向への進行波電圧と進行波電流の比をとれば

第1章　光システムの表現

$$\frac{V(z)}{I(z)} \equiv Z(z) = \sqrt{\frac{L}{C}} \tag{1.7}$$

となり，LC共振器の特性インピーダンスと同じ表示，すなわち，進行波に対する波動インピーダンス$Z(z)$を得る．一様な線路ではこのインピーダンスは一定で特性インピーダンスZ_0という．誘電率ε，透磁率μ，等価屈折率n_{eff}の媒質中の横波に対して光波インピーダンスには

$$Z = \sqrt{\frac{\mu}{\varepsilon}} = \frac{1}{n_{\text{eff}}}\sqrt{\frac{\mu_0}{\varepsilon_0}} \tag{1.8}$$

が対応する．これは低周波から光波までの連続性を意識する基本量である．$z=0$において電圧，電流がそれぞれ複素振幅でV_1, I_1とすると式(1.4)，(1.6)から

$$\begin{bmatrix} V_1 \\ I_1 \end{bmatrix} = \begin{bmatrix} 1 & 1 \\ 1/Z_0 & -1/Z_0 \end{bmatrix} \begin{bmatrix} A \\ B \end{bmatrix} \tag{1.9}$$

となる．同様にz点での電圧，電流の複素振幅$V(z)$, $I(z)$は

$$\begin{bmatrix} V(z) \\ I(z) \end{bmatrix} = \begin{bmatrix} e^{-j\beta z} & e^{+j\beta z} \\ e^{-j\beta z}/Z_0 & -e^{+j\beta z}/Z_0 \end{bmatrix} \begin{bmatrix} A \\ B \end{bmatrix}$$

$$= \begin{bmatrix} e^{-j\beta z} & e^{+j\beta z} \\ e^{-j\beta z}/Z_0 & -e^{+j\beta z}/Z_0 \end{bmatrix} \begin{bmatrix} 1 & 1 \\ 1/Z_0 & -1/Z_0 \end{bmatrix}^{-1} \begin{bmatrix} V_1 \\ I_1 \end{bmatrix} \tag{1.10}$$

を経て，最終的表現として次式を得る．

$$\begin{bmatrix} V(z) \\ I(z) \end{bmatrix} = \begin{bmatrix} \cos\beta z & jZ_0\sin\beta z \\ (j/Z_0)\sin\beta z & \cos\beta z \end{bmatrix} \begin{bmatrix} V_1 \\ I_1 \end{bmatrix} \equiv F(z) \begin{bmatrix} V_1 \\ I_1 \end{bmatrix} \tag{1.11}$$

この行列表現をF行列（基本行列：fundamental matrix）という．これは素直な$ABCD$行列で，フィルタの遮断，通過帯域の判定

$$\left.\begin{aligned} A \equiv \cos\beta z : |A| < 1 &: \beta = \text{実数，伝搬可能} = \text{通過域} \\ |A| > 1 &: \beta = \text{純虚数，伝搬不可能} = \text{遮断域} \end{aligned}\right\} \tag{1.12}$$

に対応する．この関係は低周波から光波までマクスウェルの方程式に支配される波動を一貫した概念で認識するヒントになる[*2]．波動方程式，すなわちマクスウェルの方程式と等価な表現としてF行列を意識することが基本認識である．したがって，光回路をBPMなどでシミュレートしたらその行列表現を求める考え方が発展の方法論としておもしろい．

さて，F行列 式(1.11)はzの正弦波，余弦波すなわち，定在波で記述されていることに注目しよう．点zでの電圧式(1.4)は

$$V(z)e^{j\omega t} = Ae^{j(\omega t - \beta z)} + Be^{j(\omega t + \beta z)} \tag{1.13}$$

と表現され，Aなる複素振幅をもつ$+z$方向に進行する電圧波とBなる複素振幅をもつ$-z$方向へ進行する電圧波が重なる．すなわち，干渉した状態，停留した状態を表している．言い換えると，定在波を表している．低周波では測定が可能で，定在波複素振幅をベースとする世界が標準的に用いられ，これを定在波表現と呼ぶ．

マイクロ波から光波領域へ周波数が上がると，対応する電界，磁界を測定するのは困難になる．光波領域，マイクロ波領域は電力計で電力波の測定が基準となる．式(1.11)は電圧進行波の重ね合わせであるから，それぞれの進行波の運ぶ電力に対応した表現へ等価変換ができる．

複素振幅a^+，b^+を

$$a^+ = \frac{A}{\sqrt{Z_0}}, \qquad b^+ = \frac{B}{\sqrt{Z_0}} \tag{1.14}$$

と定義すると，絶対値の自乗はそれぞれz点を$+z$方向，及び$-z$方向へ流れる電力を表すことになる[*3]．基礎行列式(1.11)を変換すると次式となる．

$$\begin{bmatrix} a^+(z) \\ b^+(z) \end{bmatrix} = \begin{bmatrix} e^{-j\beta z} & 0 \\ 0 & e^{+j\beta z} \end{bmatrix} \begin{bmatrix} a^+ \\ b^+ \end{bmatrix} \tag{1.15}$$

この表現を電力波表現と呼ぶ．この行列表現の状態ベクトルは正負z方向

[*2] 第9章の伝送フィルタの計算では，集中定数回路計算において威力を発揮する．
[*3] 多ポート回路で，ポート入力波a，ポート反射波bの定義と区別するために，特殊な表示を用いている（式(1.22)の例を参照のこと）．

に伝搬する電力波複素振幅を要素としている．

z 正方向への電力波の複素振幅 $a^+(z)$ は $a^+(z=0)$ に対して位相推移 $e^{-j\beta z}$ を受ける，すなわち，βz だけ遅延していることを表す．z 負方向への電力波の複素振幅 $b^+(z)$ は $b^+(z=0)$ に対して位相推移 $e^{+j\beta z}$ を受ける，すなわち，βz だけ位相が先行していることを表す．

これは光電力波前進波，光電力波後進波の伝達のようすを明解に表すので，伝達行列 (transfer matrix, T-Matrix) と呼ばれている．

定在波表現と電力波表現の対比は以下のとおり．

$$
\begin{aligned}
V &= \sqrt{Z_0}\left(a^+ + b^+\right) \\
I &= \frac{1}{\sqrt{Z_0}}\left(a^+ - b^+\right)
\end{aligned}
\quad\Leftrightarrow\quad
\begin{aligned}
a^+ &= \frac{1}{2}\left(\frac{V}{\sqrt{Z_0}} + I\sqrt{Z_0}\right) \\
b^+ &= \frac{1}{2}\left(\frac{V}{\sqrt{Z_0}} - I\sqrt{Z_0}\right)
\end{aligned}
\tag{1.16}
$$

この光領域での応用は，T 行列の誘電体多層膜フィルタの解析やファイバグレーティング解析を例として第9章で示される．

更に，この記述はファブリペロー共振器など進行波と後進波が結合する系で威力を発揮し，構造から機械的演算で解析が完全になされるうえ，コンピュータ解析に適している．

二つの物理量：複素振幅 a^+, b^+ が定義されたので，その比を検討すると

$$\Gamma(z) = \frac{b^+(z)}{a^+(z)} \tag{1.17}$$

は点 z において，z 正方向からの入射電力波複素振幅に対する z 負方向への反射電力波複素振幅の比を表し，反射係数と呼ばれる．これは波動インピーダンスと密接な関係をもち，式(1.16)を用いて

$$\Gamma(z) = \frac{Z(z) - Z_0}{Z(z) + Z_0} \tag{1.18}$$

が導かれる．

反射係数を拡張すると，散乱行列となり，物理的考察と結びつけやすい．

散乱行列は，対象とする系への電力入射波と電力反射波の関係を与えるもので，式(1.15)の T 行列を書き換えて

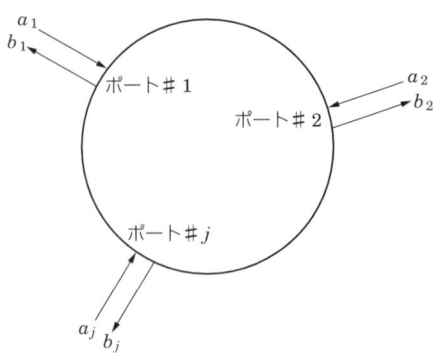

図 1.3 散乱行列と状態ベクトル

$$\begin{bmatrix} b_1 \\ b_2 \end{bmatrix} = \begin{bmatrix} e^{-j\beta z} & 0 \\ 0 & e^{+j\beta z} \end{bmatrix} \begin{bmatrix} a_1 \\ a_2 \end{bmatrix} = S \begin{bmatrix} a_1 \\ a_2 \end{bmatrix} \tag{1.19}$$

として，S を散乱行列と呼ぶ．ここで，図 1.3 のように，新たにポート #j に対する入射電力波複素振幅を a_j，出力電力波複素振幅を b_j と定義し直した．

散乱行列（S-Matrix）と伝達行列（T-Matrix）との変換公式は

$$\begin{bmatrix} S_{11} & S_{12} \\ S_{21} & S_{22} \end{bmatrix} = \begin{bmatrix} \dfrac{-T_{21}}{T_{22}} & \dfrac{1}{T_{22}} \\ \dfrac{1}{T_{22}} & \dfrac{T_{12}}{T_{22}} \end{bmatrix}, \quad \begin{bmatrix} T_{11} & T_{12} \\ T_{21} & T_{22} \end{bmatrix} = \begin{bmatrix} \dfrac{-1}{S_{12}} & \dfrac{S_{22}}{S_{12}} \\ \dfrac{-S_{11}}{S_{12}} & \dfrac{1}{S_{12}} \end{bmatrix} \tag{1.20}$$

さて，電流，電圧の連続性を用いて，屈折率 n_1，n_2 なる界面に対する散乱行列を求めてみよう（図 1.4）．これは低周波から光領域までの概念の連続性を実感するよい演習である．新しいポート単位の状態ベクトルに注意が必要である．

屈折率 n_1，n_2 の媒体の光波インピーダンス Z_1，Z_2 は式 (1.8) から

$$Z_i = \dfrac{1}{n_i} \sqrt{\dfrac{\mu_0}{\varepsilon_0}} \qquad (i = 1, 2) \tag{1.21}$$

となる．

したがって，界面での電圧連続，電流連続は式 (1.16) より

第1章 光システムの表現

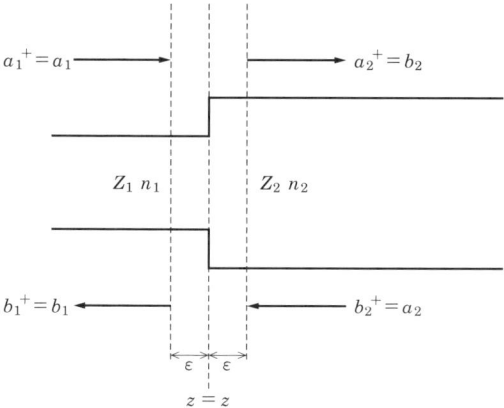

図 **1.4** 不連続界面

$$\left.\begin{array}{l}V = \sqrt{Z_1}\,(a_1 + b_1) = \sqrt{Z_2}\left(a_2{}^+ + b_2{}^+\right) = \sqrt{Z_2}\,(b_2 + a_2) \\ I = \dfrac{1}{\sqrt{Z_1}}(a_1 - b_1) = \dfrac{1}{\sqrt{Z_2}}\left(a_2{}^+ - b_2{}^+\right) = \dfrac{1}{\sqrt{Z_2}}(b_2 - a_2)\end{array}\right\} \tag{1.22}$$

a_2, b_2 を求めると

$$\begin{aligned}\begin{bmatrix} b_2 \\ a_2 \end{bmatrix} &= \frac{1}{2\sqrt{Z_1 Z_2}} \begin{bmatrix} Z_1 + Z_2 & Z_1 - Z_2 \\ Z_1 - Z_2 & Z_1 + Z_2 \end{bmatrix} \begin{bmatrix} a_1 \\ b_1 \end{bmatrix} \\ &= \frac{1}{2\sqrt{n_1 n_2}} \begin{bmatrix} n_1 + n_2 & n_2 - n_1 \\ n_2 - n_1 & n_1 + n_2 \end{bmatrix} \begin{bmatrix} a_1 \\ b_1 \end{bmatrix}\end{aligned} \tag{1.23}$$

となる．散乱行列に変換すると，式(1.20)から

$$\left.\begin{array}{l}S_{11} = -\left(\dfrac{n_2 - n_1}{n_2 + n_1}\right) \\ S_{22} = \dfrac{n_2 - n_1}{n_2 + n_1} \\ S_{12} = S_{21} = \dfrac{2\sqrt{n_2 n_1}}{n_2 + n_1}\end{array}\right\} \tag{1.24}$$

これらはスネルの反射率公式である．屈折率の大きな媒質に入射すると反射波位相 π は変化し，逆の場合は反転しない．これは伝送路で，特性インピーダンスより小さな抵抗で終端されると式(1.17)から反射波は位相が π 変化することと一致する．これは，終端抵抗が小さいと終端抵抗の端子電圧は下がり，進行波の重ね合わせから，反射波は符号が反転しているはずとの直感的理解が光波まで拡張できる．

この例でも分かるように，電力波複素振幅表現は低周波領域でなじみ深い電圧，電流の定在波表現を用いて境界条件の知識などすぐに活用して問題を定式化できるメリットをもつ．

1.3 偏波モードの表現
description of polarization modes

光ファイバは理想的単一モードファイバでも，直交し縮退したモードが存在する（詳細は第3章参照）．この縮退はファイバの構造不完全や外部応力などで解離し，位相速度や群速度も分離する．これが偏波モード分散で地球規模光ネットワークなどの超長距離システムの情報伝送の限界を支配する（詳細は第11章参照）．偏波モードを表現するには直交する偏波電力波複素振幅を状態ベクトルとして行列表現すればよい．しかし，厳密にこれを表現しておくことは大切なので，散乱行列表現で展開しよう．図 **1.5** は偏波を考慮した光ファイバのある区間である．軸#1及び軸#2におのおの直交するモード

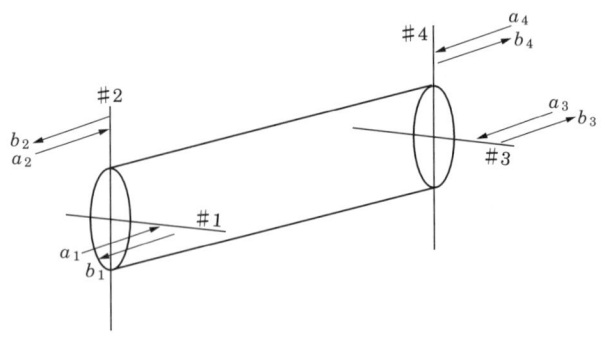

図 **1.5** 光ファイバ伝送路の散乱行列表現

を定義し，そのモードの電力波複素振幅を基底ベクトルとすると

$$\begin{bmatrix} b_1 \\ b_2 \\ b_3 \\ b_4 \end{bmatrix} = \begin{bmatrix} S_{11} & S_{12} & S_{13} & S_{14} \\ S_{12} & S_{22} & S_{23} & S_{24} \\ S_{13} & S_{23} & S_{33} & S_{34} \\ S_{14} & S_{24} & S_{34} & S_{44} \end{bmatrix} \begin{bmatrix} a_1 \\ a_2 \\ a_3 \\ a_4 \end{bmatrix} \tag{1.25}$$

散乱行列は対称行列でこれは相反性の要請による．光ファイバは良質で散乱波は無視できるとすれば，散乱行列は簡単な構造に変換される．

$$\begin{bmatrix} b_1 \\ b_2 \\ b_3 \\ b_4 \end{bmatrix} = \begin{bmatrix} 0 & 0 & S_{13} & S_{14} \\ 0 & 0 & S_{23} & S_{24} \\ S_{13} & S_{23} & 0 & 0 \\ S_{14} & S_{24} & 0 & 0 \end{bmatrix} \begin{bmatrix} a_1 \\ a_2 \\ a_3 \\ a_4 \end{bmatrix} \tag{1.26}$$

ここで，行列Fを次のように定義する．

$$\begin{bmatrix} b_3 \\ b_4 \end{bmatrix} = \begin{bmatrix} S_{13} & S_{23} \\ S_{14} & S_{24} \end{bmatrix} \begin{bmatrix} a_1 \\ a_2 \end{bmatrix} \equiv F \begin{bmatrix} a_1 \\ a_2 \end{bmatrix} \tag{1.27}$$

この行列Fが伝達関数行列であり，実は散乱行列の部分行列である．式(1.26)は

$$\begin{bmatrix} b_1 \\ b_2 \\ b_3 \\ b_4 \end{bmatrix} = \begin{bmatrix} 0 & F^t \\ F & 0 \end{bmatrix} \begin{bmatrix} a_1 \\ a_2 \\ a_3 \\ a_4 \end{bmatrix} \tag{1.28}$$

と書ける．ここに，F^tは転置行列である．光ファイバを逆行するときは伝達関数行列は転置行列を使うことになる．このファイバが損失が無視できるとするとどんな条件が行列に要求されるか検討する．

ファイバで消費される電力Pは，流入する電力と流出する電力の差で表現できる．したがって

$$P = a^t a^* - b^t b^* = a^t \left(E - F^t F^* \right) a^* = 0 \tag{1.29}$$

ただし，Eは単位行列である．よって

$$F^t F^* = E \tag{1.30}$$

となり，伝達関数行列 F はユニタリ行列であることが要請される．したがって

$$\left.\begin{array}{l} |F_{11}|^2 + |F_{21}|^2 = |F_{12}|^2 + |F_{22}|^2 = 1 \\ F_{11} F_{12}^* + F_{21} F_{22}^* = F_{11}^* F_{12} + F_{21}^* F_{22} = 0 \end{array}\right\} \tag{1.31}$$

ここで，伝達関数行列 F を

$$F = \begin{bmatrix} \cos\Theta\, e^{-j\phi-j\psi} & -\sin\Theta\, e^{-j\phi+j\psi} \\ \sin\Theta\, e^{+j\phi-j\psi} & \cos\Theta\, e^{+j\phi+j\psi} \end{bmatrix} e^{-j\Phi} \tag{1.32}$$

とおいて一般性を失わない．Θ は直交モードのエネルギー分配を表し，ϕ は縦位相差，ψ は横位相差，Φ は偏波に依存しない位相推移である．

行列 F は行列式＝1であるから special unitary: SU(2) の対称群に属する．

対称性は物理系の世界では重要な発想法であり，よく検討された公式や考え方がある．工学系でも基本的発想を取り入れるとよいので，その一例を以下に示す．

伝達関数行列は［オイラーの一般化回転］の表現に従って

$$F = \begin{bmatrix} e^{-j\phi} & 0 \\ 0 & e^{+j\phi} \end{bmatrix} \begin{bmatrix} \cos\Theta & -\sin\Theta \\ \sin\Theta & \cos\Theta \end{bmatrix} \begin{bmatrix} e^{-j\psi} & 0 \\ 0 & e^{+j\psi} \end{bmatrix} e^{-j\Phi} \tag{1.33}$$

と一意的に書ける．また，物理的回転と位相シフトは相互変換が可能で

$$\begin{bmatrix} \cos\Theta & -\sin\Theta \\ \sin\Theta & \cos\Theta \end{bmatrix} = C^{-1} \begin{bmatrix} e^{-j\Theta} & 0 \\ 0 & e^{+j\Theta} \end{bmatrix} C \tag{1.34}$$

ここに，C は45度回転と90度位相シフトで与えられる．

$$C = \frac{1}{\sqrt{2}} \begin{bmatrix} 1 & -1 \\ 1 & 1 \end{bmatrix} \begin{bmatrix} e^{-j\frac{\pi}{4}} & 0 \\ 0 & e^{+j\frac{\pi}{4}} \end{bmatrix} \tag{1.35}$$

この相互変換により可変部分を物理的回転にするか位相シフトにするか，

光回路の実現デバイスの特徴に整合させることができる．

ポアンカレ球表現では Θ, ϕ のみの自由度で，ψ は無視される．ストークスパラメータは偏波状態の記述を目的としているから当然である．

1.4 古典的表現の対応
classical representation

古典的光学の中でストークスパラメータとジョーンズ行列とを取り上げ，伝達関数行列との対応を確認する．

1.4.1 ストークスベクトル
Stokes vector

ストークスベクトルは，偏波状態を表現，図化するのに広く用いられている．コヒーレント波で用いる場合，ストークスパラメータは出力偏波状態を記述するもので，光回路特性を表現するものでない．偏波モード分散の議論などで混同している場合もあり注意が必要である[*4]．直交モード電力波複素振幅 a_1, a_2 を用いた電力マトリックスとして定義し，この四つのベクトルとして我々のストークスベクトルを表現する．$|a> = (a_1, a_2)^t$ とおけば，電力マトリックスは密度行列として以下に与えられる．

$$P = |a><a| = \begin{bmatrix} a_1 a_1^* & a_1 a_2^* \\ a_2 a_1^* & a_2 a_2^* \end{bmatrix} = \begin{bmatrix} \cos^2\Theta & \frac{1}{2}\sin 2\Theta e^{-j2\phi} \\ \frac{1}{2}\sin 2\Theta e^{+j2\phi} & \sin^2\Theta \end{bmatrix} \tag{1.36}$$

これを SU(2) の生成演算子（パウリスピン演算子）で展開すると

$$P = \frac{1}{2}(\sigma_0 + \sin 2\Theta \cos 2\phi \sigma_1 + \sin 2\Theta \sin 2\phi \sigma_2 + \cos 2\Theta \sigma_3)$$

$$= \frac{1}{2}\sum_{i=0}^{i=3} S_i \sigma_i \tag{1.37}$$

[*4] ストークスベクトルをパウリのスピン演算子で導入すると，従来の定義と成分添字が一段ずれる．しかし，伝達関数行列の表現との対応も素直になるので，新しい表現で統一しておく．従来の表現の簡略なまとめは，広田 修："スクイズド光"，森北出版 (1990) を参照するとよい．

ここに

$$\left. \begin{array}{ll} \sigma_0 = \begin{bmatrix} 1 & 0 \\ 0 & 1 \end{bmatrix}, & \sigma_1 = \begin{bmatrix} 0 & 1 \\ 1 & 0 \end{bmatrix}, \\ \sigma_2 = \begin{bmatrix} 0 & -j \\ j & 0 \end{bmatrix}, & \sigma_3 = \begin{bmatrix} 1 & 0 \\ 0 & -1 \end{bmatrix} \end{array} \right\} \quad (1.38)$$

この展開係数をベクトルに対応させたものがストークスベクトルである.

$$\left. \begin{array}{l} S_1 = \sin 2\Theta \cos 2\phi \\ S_2 = \sin 2\Theta \sin 2\phi \\ S_3 = \cos 2\Theta \end{array} \right\} \quad (1.39)$$

マイクロ波のように振幅,位相を十分な精度で決められるコヒーレントな光波の場合,式(1.38)で表現されるように,偏波状態は単位球面上の点に対応する.この単位球面をポアンカレ球面(Poincaré sphere)と呼ぶ.球面上の点は,図1.6に示すように,偏波状態と対応している.偏波角はΘであり,位相差はϕそのものでまぎれがない.

ストークスベクトルが伝達関数行列Uで表される伝送路を通過したとき,ポアンカレ球面でどのような軌跡を描くかを示そう.出力偏波状態$|t>$は

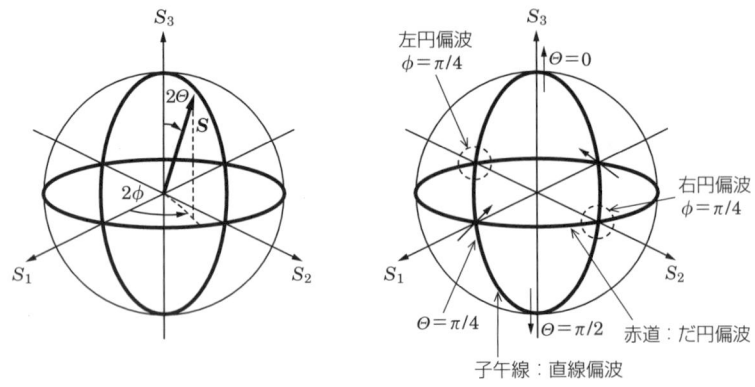

図 1.6 偏波状態とポアンカレ球面

$$|t\rangle = U|a\rangle \tag{1.40}$$

と与えられる．ここで

$$U = \begin{bmatrix} \cos\tilde{\Theta}e^{-j\tilde{\phi}-j\tilde{\psi}} & -\sin\tilde{\Theta}e^{-j\tilde{\phi}+j\tilde{\psi}} \\ \sin\tilde{\Theta}e^{+j\tilde{\phi}-j\tilde{\psi}} & \cos\tilde{\Theta}e^{+j\tilde{\phi}+j\tilde{\psi}} \end{bmatrix} e^{-j\tilde{\Phi}}$$

とおく．これは，入力ストークスベクトルSに対して，(Θ, ϕ)を用いているので，ここでは特別に$(\tilde{\Theta}, \tilde{\phi}, \tilde{\psi})$と区別して分かりやすくしている．この密度行列は

$$|t\rangle\langle t| = U|a\rangle\langle a|U^{*t} = \frac{1}{2}U\sum_{i=0}^{i=3}S_i\sigma_i U^{*t} \tag{1.41}$$

式(1.33)のオイラー回転の各要素ごとに，ポアンカレ球面上での軌跡を求めておくと，応用範囲が広い．これには，式(1.41)に対応する出力ストークスベクトル$(S_1^{\mathrm{out}}, S_2^{\mathrm{out}}, S_3^{\mathrm{out}})$を次のように求めればよい．

$$S_i^{\mathrm{out}} = \sum_{j=1}^{3} S_j \frac{1}{2}Tr\{\sigma_k U \sigma_j U^{*t}\} \tag{1.42}$$

ここに，Trはトレース演算子で対角要素の和を求める演算子である．単純な行列演算を行えば，位相シフト$\tilde{\psi}$に対して

$$\begin{bmatrix} S_1^{\mathrm{out}} \\ S_2^{\mathrm{out}} \\ S_3^{\mathrm{out}} \end{bmatrix} = \begin{bmatrix} \cos 2\tilde{\psi} & -\sin 2\tilde{\psi} & 0 \\ \sin 2\tilde{\psi} & \cos 2\tilde{\psi} & 0 \\ 0 & 0 & 1 \end{bmatrix} \cdot \begin{bmatrix} S_1 \\ S_2 \\ S_3 \end{bmatrix} \tag{1.43}$$

これはS_3軸の回りで$2\tilde{\psi}$回転することを表している．同様に回転$\tilde{\Theta}$は

$$\begin{bmatrix} S_1^{\mathrm{out}} \\ S_2^{\mathrm{out}} \\ S_3^{\mathrm{out}} \end{bmatrix} = \begin{bmatrix} \cos 2\tilde{\Theta} & 0 & -\sin 2\tilde{\Theta} \\ 0 & 1 & 0 \\ \sin 2\tilde{\Theta} & 0 & \cos 2\tilde{\Theta} \end{bmatrix} \cdot \begin{bmatrix} S_1 \\ S_2 \\ S_3 \end{bmatrix} \tag{1.44}$$

となり，これはS_2軸の回りで$2\tilde{\Theta}$回転することを表している．また，位相シフト$\tilde{\phi}$に対して

$$
\begin{bmatrix} S_1^{\text{out}} \\ S_2^{\text{out}} \\ S_3^{\text{out}} \end{bmatrix} = \begin{bmatrix} \cos 2\tilde{\phi} & -\sin 2\tilde{\phi} & 0 \\ \sin 2\tilde{\phi} & \cos 2\tilde{\phi} & 0 \\ 0 & 0 & 1 \end{bmatrix} \cdot \begin{bmatrix} S_1 \\ S_2 \\ S_3 \end{bmatrix} \tag{1.45}
$$

これはS_3軸の回りで$2\tilde{\phi}$回転することを表している．伝達関数行列は式(1.33)に対応して，三つのオイラー回転から構成されるが，ポアンカレ球面では2種類の回転操作に縮退している．これは，ポアンカレ球面では一連のこの2種類の回転操作のみで，任意の点に移動可能であること，すなわち，自由度は2であることに対応している．

言い換えれば，ポアンカレ球面上に伝達関数行列を描くことはできるが，逆に三つのオイラー回転を決定することは自由度不足で不可能である．

式(1.33)で与えられる伝達関数行列を伝搬したポアンカレ球面でのストークスベクトルの変化は，オイラーの回転に対応して，3回の回転として

$$
\begin{bmatrix} S_1^{\text{out}} \\ S_2^{\text{out}} \\ S_3^{\text{out}} \end{bmatrix} = \begin{bmatrix} \cos 2\tilde{\phi} & -\sin 2\tilde{\phi} & 0 \\ \sin 2\tilde{\phi} & \cos 2\tilde{\phi} & 0 \\ 0 & 0 & 1 \end{bmatrix} \begin{bmatrix} \cos 2\tilde{\Theta} & 0 & -\sin 2\tilde{\Theta} \\ 0 & 1 & 0 \\ \sin 2\tilde{\Theta} & 1 & \cos 2\tilde{\Theta} \end{bmatrix}
$$
$$
\times \begin{bmatrix} \cos 2\tilde{\psi} & -\sin 2\tilde{\psi} & 0 \\ \sin 2\tilde{\psi} & \cos 2\tilde{\psi} & 0 \\ 0 & 0 & 1 \end{bmatrix} \cdot \begin{bmatrix} S_1 \\ S_2 \\ S_3 \end{bmatrix} \tag{1.46}
$$

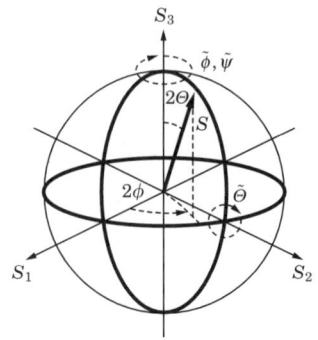

図 **1.7** ストークスベクトルの回転操作
（伝達関数行列のオイラー回転に対応）

第1章 光システムの表現

と与えられる．図 **1.7** にストークスベクトルの回転操作を示す．

この基本的操作は偏波モード分散の取扱い（第11章）で役に立つ．

1.4.2 ジョーンズ行列
Jones matrix

ジョーンズ行列 J の状態ベクトルは電界強度複素振幅で構成されている．

波動インピーダンスが同一のポートのみを取り扱う場合には問題ないが，波動インピーダンスの異なるポートでは光電力の算定に注意する必要がある．

一見小さい違いであるが，入力，出力面で屈折率の異なる系は意外と多いので伝達関数行列として取り扱うことが望ましい．ジョーンズ行列 J は状態ベクトルを電力波複素振幅と読み直せば伝達関数行列と同一である．

J 行列は，J_{22} を1に規格化したものが測定器で使用されている．

これを伝達関数行列の変数で表現すると

$$J = \begin{bmatrix} e^{-j2\phi-j2\psi} & -\tan\Theta e^{-j2\phi} \\ \tan\Theta e^{-j2\psi} & 1 \end{bmatrix} \tag{1.47}$$

となる．ジョーンズ行列から伝達関数行列を形成するには以下のように

$$\left. \begin{aligned} \Theta &= -\mathrm{Re}\left\{ \tan^{-1}\sqrt{\frac{J_{12}J_{21}}{J_{11}J_{22}}} \right\} \\ \phi &= -\frac{1}{4}\arg\left(-\frac{J_{22}J_{21}}{J_{11}J_{12}}\right) \\ \psi &= \frac{1}{4}\arg\left(-\frac{J_{22}J_{12}}{J_{11}J_{21}}\right) \end{aligned} \right\} \tag{1.48}$$

このように決めると変数の折返しがなく連続性が確保しやすい．第2章では実測値からこの公式で伝達関数行列を決定する方法が展開されている[*5]．

[*5] Born-Walfの"光学の原理"は1964年の初版でコヒーレント光学は未発展であった．そこでは複素電界振幅を状態ベクトルとして特性マトリックスとジョーンズ行列を同等なものと定義している．電力透過率や反射率を求めるには複雑な手順式を使用するように指示がある．この煩雑さは電力波複素振幅を用いると簡単になるわけである（Born-Walf: "Principles of Optics", p.61, Pergamon Press (1964) を参照）．

第 2 章

光伝送回路の測定
Measurements of Optical Transmission Circuits

　光伝送回路すなわち光ネットワークの測定技術は常に先導的役割を担っている．その一番よい例は，擬似ランダムパルス発生器と誤り率測定器である．最先端の半導体デバイス（論理素子）を導入して，超高速化の波に乗り続けて，光ネットワーク研究開発を先導している．

　ここでは，光伝送回路の測定として，偏波状態の測定法など伝達関数行列に関係する測定について述べる．

　光ネットワークの飛躍には，新しい測定技術の先導が必要である．今後，量子光ネットワークなどでのベル状態測定法など多くの可能性が残されている．

2.1 偏波状態測定
polarization state measurement

ストークスパラメータを二つの入力偏波状態に対して測定すれば，伝送基本行列（伝達関数行列）の偏波に依存する部分を決定できる．

ストークスパラメータを復習すると光電力波複素振幅ベクトル（偏波状態）

$$a(\omega) = \begin{bmatrix} a_x \\ a_y \end{bmatrix} = a_0 \begin{bmatrix} \cos\Theta e^{-j\phi} \\ \sin\Theta e^{+j\phi} \end{bmatrix} \tag{2.1}$$

に対して次式が定義される[*1]．

$$\left. \begin{array}{l} S_1 = \dfrac{2\mathrm{Re}(a_x a_y^*)}{a_0^2} = \sin 2\Theta \cos 2\phi \\[2mm] S_2 = -\dfrac{2\mathrm{Im}(a_x a_y^*)}{a_0^2} = \sin 2\Theta \sin 2\phi \\[2mm] S_3 = \dfrac{|a_x|^2 - |a_y|^2}{a_0^2} = \cos 2\Theta \end{array} \right\} \tag{2.2}$$

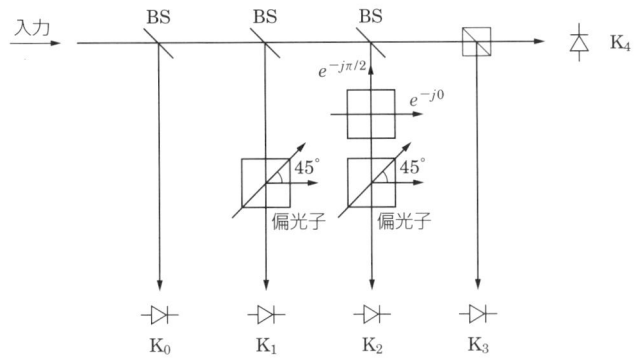

図 2.1　偏波状態測定器

[*1] 第1章で導入したパウリスピン演算子による密度行列の展開係数として定まるストークスベクトルで，伝達関数行列表現とも連動した合理的な定義を用いている．順列 (1, 2, 3) を (2, 3, 1) と変換すると旧来の定義となる．

偏波状態測定器（polarization state analyzer）では測定器側で定めた座標系に対してストークスパラメータを測定する．原理的構成は図**2.1**のとおり．

$$\left.\begin{aligned}
K_0 &= \frac{1}{2}a_0^2 & &\Leftrightarrow S_1 = \frac{K_1 - K_0}{2K_0} \\
K_1 &= \left|\cos 45°\left(a_x + a_y\right)\right|^2 = K_0 + \mathrm{Re}\left(a_x a_y^*\right) & & \\
& & &\Leftrightarrow S_2 = \frac{K_2 - K_0}{2K_0} \\
K_2 &= \left|\cos 45°\left(a_x + a_y e^{j\pi/2}\right)\right|^2 = K_0 + \mathrm{Im}\left(a_x a_y^*\right) & & \\
& & &\Leftrightarrow S_3 = \frac{K_3 - K_4}{2K_0} \\
K_3 &= |a_x|^2, \quad K_4 = |a_y|^2 & &
\end{aligned}\right\} \quad (2.3)$$

各光電力測定 K_i ($i = 0, \cdots, 4$) の規格化が全体の精度を支配する．

2.2 伝達関数行列，ジョーンズ行列の測定
measurements of transfer function matrix and Jones matrix

伝達関数行列は，ストークスベクトルが偏波状態を表すのに対して，伝送路を表すので，決定すべき変数が多い．二つの入力偏波に対する出力偏波状態から，伝達関数行列の偏波に依存する部分を決めることができる．

$$F(\omega) = \begin{bmatrix} \cos\Theta e^{-j(\phi+\psi)} & -\sin\Theta e^{-j(\phi-\psi)} \\ \sin\Theta e^{+j(\phi-\psi)} & \cos\Theta e^{+j(\phi+\psi)} \end{bmatrix} e^{-j\Phi}$$

$$\Leftrightarrow \begin{bmatrix} a1_x \\ a1_y \end{bmatrix} \equiv F(\omega)\begin{bmatrix} 1 \\ 0 \end{bmatrix} = \begin{bmatrix} \cos\Theta e^{-j\phi} \\ \sin\Theta e^{+j\phi} \end{bmatrix} e^{-j(\Phi+\psi)}$$

$$\begin{bmatrix} a2_x \\ a2_y \end{bmatrix} \equiv F(\omega)\begin{bmatrix} 1/\sqrt{2} \\ 1/\sqrt{2} \end{bmatrix}$$

$$= \begin{bmatrix} \left(\cos\Theta e^{-j\psi} - \sin\Theta e^{+j\psi}\right)e^{-j\phi} \\ \left(\sin\Theta e^{-j\psi} + \cos\Theta e^{+j\psi}\right)e^{+j\phi} \end{bmatrix} e^{-j\Phi} \quad (2.4)$$

すなわち，第1の入力偏波に対する出力偏波状態のストークスパラメータ表現は式(2.2)である．第2の入力偏波に対する出力偏波状態 $(a2_x, a2_y)^t$ のストークスパラメータ表現は

$$\left.\begin{array}{l} S_1^{45°} = \cos 2\Theta \cos 2\phi \cos 2\psi - \sin 2\phi \sin 2\psi \\ S_2^{45°} = \cos 2\Theta \cos 2\phi \sin 2\psi + \cos 2\phi \sin 2\psi \\ S_3^{45°} = -\sin 2\Theta \cos 2\psi \end{array}\right\} \quad (2.5)$$

式(2.2)に式(2.5)の $S_1^{45°}$ から Θ, ϕ, ψ を定めることができる．更に，偏波依存の損失があるときにはもう一つの入力偏波状態 $(0, 1)$ に対してストークスパラメータを測定して複素数として Θ, ϕ, ψ を決定できる．

2.3　光ネットワークアナライザ
optical network analyzer

光伝送回路の決定法のほかの一つに，光ネットワークアナライザの利用がある．これは図**2.2**に示す構成をもつ．

マイクロ波ネットワークアナライザは散乱行列 S の周波数特性が測定表示できる標準的測定である．このマイクロ波ネットワークアナライザの変調周

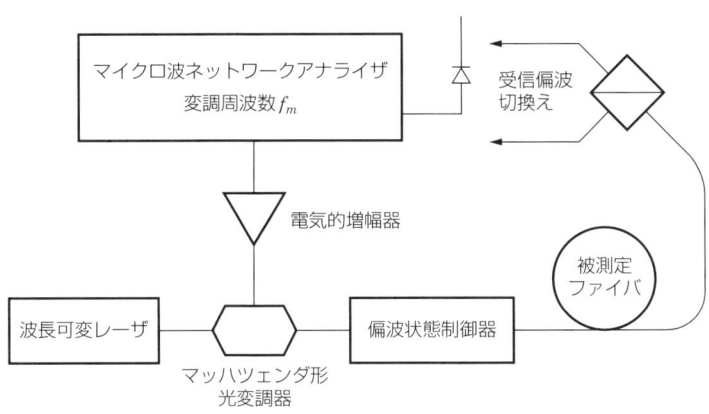

図 **2.2**　光ネットワークアナライザの構成

波数を固定して，電気的増幅器を介してマッハツェンダ干渉形光変調器で可変波長レーザ出力を強度変調する．その光波は偏波状態制御器で所望の偏波状態に保ち，被測定光回路へ加える．その出力を偏波ビームスプリッタで直交偏波成分に分けて，マイクロ波ネットワークアナライザに光検波出力を加えれば，振幅，位相を表示する．このとき，可変波長レーザの波長を変化させると，光伝送回路の透過振幅と群遅延時間の波長依存性が得られる．位相特性の波長依存性の代わりに群遅延時間特性が得られる点を解析的に説明する．

光強度変調波のスペクトルはキャリヤ光周波数成分と上下側波帯成分からなる．これを伝達関数行列 F なる伝送回路を透過した光信号 $a_{\mathrm{out}}(t)$ は

$$a_{\mathrm{out}}(t) = a_0 \left\{ F(\omega_c) e^{j\omega_c t} + \frac{m}{2} F(\omega_c + \omega_m) e^{j(\omega_c + \omega_m)t} \right. \\ \left. + \frac{m}{2} F(\omega_c - \omega_m) e^{j(\omega_c - \omega_m)t} \right\} \tag{2.6}$$

と書ける．この光信号の光検波器出力はマイクロ波帯の成分 $\langle |a_{\mathrm{out}}(t)|^2_m \rangle$ のみ残せば

$$\langle |a_{\mathrm{out}}(t)|^2_m \rangle = |a_0|^2 \frac{m}{2} \left\{ F(\omega_c)^* F(\omega_c + \omega_m) e^{j\omega_m t} \right. \\ + F(\omega_c)^* F(\omega_c + \omega_m) e^{-j\omega_m t} \\ + F(\omega_c) F(\omega_c + \omega_m)^* e^{-j\omega_m t} \\ \left. + F(\omega_c) F(\omega_c + \omega_m)^* e^{+j\omega_m t} \right\} \tag{2.7}$$

ここで，伝達関数行列を

$$F(\omega) = A(\omega) e^{-j\Phi} \tag{2.8}$$

とおき，$A(\omega)$，$\Phi(\omega)$ は実数とする．

$$\left\langle \left|a_{\text{out}}(t)\right|_m^2 \right\rangle = |a_0|^2 \frac{m}{2} \Big\{ A(\omega_c) A(\omega_c+\omega_m) e^{j\omega_m t + j\Phi(\omega_c) - j\Phi(\omega_c+\omega_m)}$$
$$+ A(\omega_c) A(\omega_c+\omega_m) e^{-j\omega_m t + j\Phi(\omega_c) - j\Phi(\omega_c+\omega_m)}$$
$$+ A(\omega_c) A(\omega_c+\omega_m) e^{j\omega_m t - j\Phi(\omega_c) + j\Phi(\omega_c+\omega_m)}$$
$$+ A(\omega_c) A(\omega_c+\omega_m) e^{-j\omega_m t - j\Phi(\omega_c) + j\Phi(\omega_c+\omega_m)} \Big\}$$
(2.9)

光周波数は変調周波数より十分大きく，振幅特性の変化は周波数に比してゆっくりであると仮定すると

$$\left. \begin{array}{l} A(\omega_c) \approx (A\omega_c \pm \omega_m) \\ \Phi(\omega_c \pm \omega_m) \approx \Phi(\omega_c) \pm \omega_m \dfrac{d\Phi}{d\omega} \end{array} \right\} \quad (2.10)$$

と近似して

$$\left\langle \left|a_{\text{out}}(t)\right|_m^2 \right\rangle = 2m|a_0|^2 A(\omega_c)^2 \cos\omega_m \left(t - \frac{d\Phi(\omega)}{d\omega} \right) \quad (2.11)$$

したがって，マイクロ波ネットワークアナライザの位相表示には

$$\theta = \omega_m \frac{d\Phi(\omega)}{d\omega} = \omega_m Tg(\omega_c) \quad (2.12)$$

光伝送回路の群遅延時間 $Tg(\omega_c)$ の ω_m 倍と，振幅 $A(\omega_c)$ が表示される．

この方法は偏波モード分散（PMD）の測定にも用いられる．特に，2次PMDの測定では，波長での微分が1回ですむため高精度化しやすい．

第 3 章

光ファイバの基本的事項
Fundamentals of Optical Fibers

　最も基本的な素子である光ファイバを，システムから必要な事柄を整理してみる．単一モードファイバの基底モードは電界も磁界も伝搬方向成分をもつハイブリッドモードで，取扱いが複雑であるため一般には必要に応じて参考にする文献を確認すればよい．ここでは簡単化した分散方程式と電界磁界の表現を示す．また，モードインピーダンスについても議論する．

　さて，光ファイバ伝送特性は，今後光ネットワーク技術の飛躍の鍵を握っている．すなわち，波長多重方式も分散補償，非線形性などの限界に近づいている．これらを考慮して種々の構造の光ファイバが最近でも提案されており，今後とも材料まで含めた新光ファイバへの挑戦が期待されている．

3.1 HE₁₁モード
HE₁₁ mode

図 3.1 に光ファイバの基本構造を示す．すなわち，外径は 125 μm の石英ガラス繊維であり，主に光波がエネルギーを集中して伝搬する領域は直径約 10 μm のコアと呼ばれる．コアの屈折率は，それを囲むクラッドの屈折率より約 0.5% 大きい．外径誤差は約 1% 以下，偏芯度も 1% 以下で工業製品の中でも高精度の代表とされる．これは，光ファイバの接続における基準が外径となっていることに対応している．

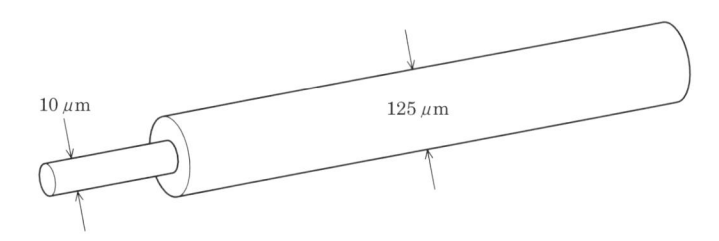

図 3.1　単一モード標準光ファイバの構造

さて，ステップ状屈折率分布として，コア半径を a，屈折率を n_0 とし，クラッド屈折率を n_1 とすれば，屈折率差の小さいときには，電磁界をスカラ量として，次のヘルムホルツ方程式で取り扱うことができる．

$$\left\{\frac{\partial^2}{\partial r^2}+\frac{1}{r}\frac{\partial}{\partial r}+\frac{1}{r^2}\frac{\partial^2}{\partial \theta^2}+\left[k^2 n(r)^2-\beta^2\right]\right\}\left\{\begin{array}{l}E_z\\H_z\end{array}\right.=0 \quad (3.1)$$

ここに，k は真空中での波数，$n(r)$ は屈折率分布である．軸対称を仮定して変数分離すると，ベッセル関数系を用いて一般解は

$$E_z=\begin{cases}AJ_n\left(\dfrac{u}{a}r\right)\cos(n\theta+\varphi) & (0\leq r\leq a)\\ A\dfrac{J_n(u)}{K_n(w)}K_n\left(\dfrac{w}{a}r\right)\cos(n\theta+\varphi) & (a\leq r)\end{cases} \quad (3.2)$$

$$H_z = \begin{cases} BJ_n\left(\dfrac{u}{a}r\right)\sin(n\theta+\varphi) & (0 \leq r \leq a) \\ B\dfrac{J_n(u)}{K_n(w)}K_n\left(\dfrac{w}{a}r\right)\sin(n\theta+\varphi) & (a \leq r) \end{cases} \quad (3.3)$$

これを境界条件 $r=a$ で E_z, H_z, E_θ, H_θ が連続で A, B がトリビアルでない解 (ゼロ以外の解) をもつための条件の中から

$$\frac{J_{n-1}(u)}{uJ_n(u)} = \frac{K_{n-1}(w)}{wK_n(w)} \quad (3.4)$$

という分散方程式を得る[*1]. 付随する条件式として

$$\left.\begin{array}{l} u = a\sqrt{k^2 n_1^2 - \beta^2} \\ w = a\sqrt{\beta^2 - k^2 n_1^2} \\ u^2 + w^2 = v^2 \\ v = ak\sqrt{n_1^2 - n_0^2} \end{array}\right\} \quad (3.5)$$

ここに, v は規格化周波数と呼ばれ, ファイバ構造が与えられたとき光信号の動作点を決めるものである. このとき得られる HE_{11} モードの計算に便利な近似でのモード関数は

$$\left.\begin{array}{l} E_x = \begin{cases} -jA\beta\dfrac{a}{u}J_0\left(\dfrac{u}{a}r\right) & (0 \leq r \leq a) \\ -jA\beta\dfrac{a}{u}\dfrac{J_0(u)}{K_0(w)}K_n\left(\dfrac{w}{a}r\right) & (a \leq r) \end{cases} \\ E_y \approx 0 \end{array}\right\} \quad (3.6)$$

[*1] 明快な導入は岡本勝就:"光導波路の基礎", コロナ社 (1992) を参照. ここでは, 実用に耐える精度と簡便さを意図してまとめる.

第3章 光ファイバの基本的事項

$$H_y = \begin{cases} -jA\omega\varepsilon_0 n_1^2 \dfrac{a}{u} J_0\left(\dfrac{u}{a}r\right) & (0 \leq r \leq a) \\ -jA\omega\varepsilon_0 n_0^2 \dfrac{a}{u} \dfrac{J_0(u)}{K_0(w)} K_n\left(\dfrac{w}{a}r\right) & (a \leq r) \end{cases} \quad (3.7)$$

$$H_x \approx 0$$

$$E_z = \begin{cases} AJ_1\left(\dfrac{u}{a}r\right)\cos\theta & (0 \leq r \leq a) \\ A\dfrac{J_1(u)}{K_1(w)} K_1\left(\dfrac{w}{a}r\right)\cos\theta & (a \leq r) \end{cases} \quad (3.8)$$

$$H_z = \begin{cases} A\dfrac{\beta}{\omega\mu_0} J_1\left(\dfrac{u}{a}r\right)\sin\theta & (0 \leq r \leq a) \\ A\dfrac{\beta}{\omega\mu_0}\dfrac{J_1(u)}{K_1(w)} K_1\left(\dfrac{w}{a}r\right)\cos\theta & (a \leq r) \end{cases} \quad (3.9)$$

このモード関数は図**3.2**に示すように，電界Eのx軸成分のみの直線偏波を示している．これは方形導波管の基底モードのTE$_{10}$モードに類似している（図**3.3**）．

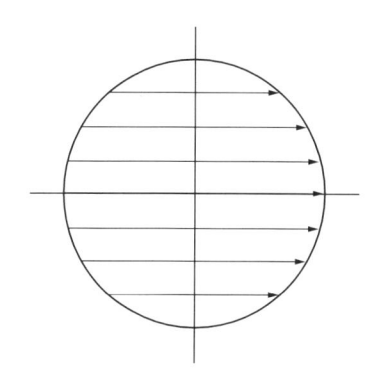

図**3.2** HE$_{11}$モードの電界分布E_x 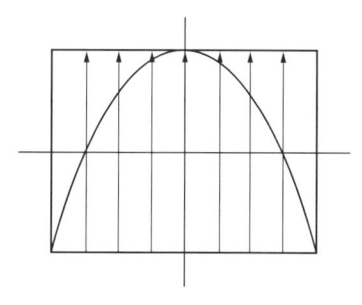　　図**3.3** 方形導波管TE$_{10}$モードの電界分布E_y

3.2 モードインピーダンス
mode impedance

モードインピーダンスは第1章で定義したように，進行波電圧と進行波電流の比で定義すると都合が良い．HE_{11}モードに対して，マイクロ波領域で実績ある方法で同等に定義すると

$$z_{HE_{11}} = \frac{1}{n_{eff}}\sqrt{\frac{\mu_0}{\varepsilon_0}} \tag{3.10}$$

ここで，n_{eff}は実効屈折率である．マイクロ波でもモード関数に対応するモード電圧，電流の定義は複数あり，それぞれの値も少しずつ異なる．光ファイバ，光回路において，どの定義が有効かは今後の研究で明らかになろうが，ここに与えた定義は最も根底的である．

3.3 モード分散
mode dispersion

信号波の伝搬する群速度やその周波数依存性すなわち分散を求める方法について簡単に述べる．位相定数βの角周波数微分が単位群遅延時間(群速度の逆数)である．光周波数を決めたときに分散方程式の解としてu, wが得られ，βを求めることができる．図3.4は正規化位相定数bの規格化周波数依存性を求めた例である．正規化位相定数

$$b \equiv \frac{(\beta/k)^2 - n_0^2}{n_1^2 - n_0^2} \tag{3.11}$$

を用いて，$\beta = k\sqrt{n_0^2 + (n_1^2 - n_0^2)b} \approx k\{n_0 + (n_1 - n_0)b\}$ より

$$\frac{d\beta}{dk} = N_0 + (N_1 - N_0)b + k(n_1 - n_0)\frac{db}{dk} \tag{3.12}$$

ここで，群屈折率(group index)

第3章　光ファイバの基本的事項

$$N \equiv \frac{d(kn)}{dk} = n + k\frac{dn}{dk} \tag{3.13}$$

を用いて，$n_1 - n_0 \approx N_1 - N_0$と近似すると，式(3.12)は

$$\frac{d\beta}{dk} = N_0 + (N_1 + N_0)\frac{d(vb)}{dk} \tag{3.14}$$

とまとめられる．これにより，単位群遅延時間

$$T_g = \frac{1}{v_g} = \frac{d\beta}{d\omega} = c\frac{d\beta}{dk} \tag{3.15}$$

を計算できる．

群屈折率は屈折率近似式としてセルマイア（Sellmeier）の多項式

$$n(\lambda) = \sqrt{1 + \sum_{i=1}^{3} \frac{a_i \lambda^2}{\lambda^2 - b_i}} \tag{3.16}$$

などを用いて計算される．純粋石英の例を示すと

$$\begin{cases} a_1 = 0.6965325 \\ a_2 = 0.4083099 \\ a_3 = 0.8968766 \end{cases} \quad \begin{cases} b_1 = 4.368309 \times 10^{-3} \\ b_2 = 1.394999 \times 10^{-2} \\ b_3 = 9.793399 \times 10 \end{cases}$$

群屈折率の波長依存性は材料分散，式(3.14)の$d(vb)/dk$は構造分散に寄与するが明確な分離は難しい．

3.4　電力と電界強度
modal power and electric field

式(1.14)で定義したa，bは電力波の複素振幅であるから，絶対値自乗は電力流を表す．これを進行波電界複素振幅で表すには，電界強度の単位V/mを考慮すると，面積を掛ける必要があるので，等価コア半径をrとして

$$P = |a|^2 = \frac{|E|^2}{Z_0} \cdot \pi r^2 \tag{3.17}$$

と見積もる．この表現の中に，光波インピーダンスの定義の方法の一つが見られる．ポインティングベクトルをファイバ断面で積分することにより光電力を知ることができる．実効面積 πr^2 と光波インピーダンス Z_0 への割振りが問題である．実効面積や光波インピーダンスの使い方で最良の方法を決定する仕事が残っている．

使いやすい近似の一つは，幾何学的コア面積と式(1.21)を用いて

$$Z_0 = \frac{1}{n_{\text{eff}}} \sqrt{\frac{\mu_0}{\varepsilon_0}} = \frac{120\pi}{n_{\text{eff}}} \tag{3.18}$$

である．

第 4 章

光波の伝わり方
Description of Wave Propagation

　波の伝搬するようすを自分でイメージできるのであれば，技術的困難に直面したとき，思考実験から問題解決方向を定め，コンピュータへ的確な計算指示が可能になるであろう．また，光波の伝わり方の全く異なって見える取扱いが，奇妙に関連し合う神秘に驚愕する．

　光のデバイスの多くは古典的光学系に構成の原点をもつ．ここでは古典的光学系を伝搬する光ビームの記述法についても述べる．マクスウェル方程式による波動の理解はここで示す近軸光線近似や複素ビーム（ガウス波）近似で深まり，ビーム伝搬法の理解が容易になる．すなわち，光学系の中の光ビーム伝搬は屈折率分布による位相面変形と自由空間伝搬の繰返しで記述できることを実感することが大切である．

　これは，新しい光ネットワーク機能を創造するとき，光集積回路としてその鍵となる機能素子を実現しなければならないことが多い．その基本発想は，波面位相の操作と干渉重ね合わせであることが一般的かもしれない．この直感を育て，解析する方法をこの章では主題とする．

4.1 近軸光線近似
paraxial ray approximation

点対称ヘルムホルツ方程式は

$$\frac{\partial^2 E}{\partial r^2} + \frac{2}{r}\frac{\partial E}{\partial r} + k^2 E = 0 \tag{4.1}$$

で球面波解は

$$E = \frac{E_0}{r} e^{-jkr} \tag{4.2}$$

と書ける．この球面波のz軸近傍において

$$r^2 = z^2 + R^2, \qquad R^2 = x^2 + y^2$$

として

$$r \approx z + \frac{R^2}{2z} \tag{4.3}$$

と近似すると

$$E = \left(\frac{E_0}{z} e^{-jkz}\right) \cdot e^{-jkR^2/(2z)} \tag{4.4}$$

となる．上式の括弧内はz軸に沿って，振幅はzに反比例して減少する平面波を表す．括弧外は球面波として膨張する波面の曲がりを表す．このようすを図 **4.1** に示す．

$$E = \left(\frac{E_0}{z} e^{+jkz}\right) \cdot e^{+jkR^2/(2z)} \tag{4.5}$$

は収束する近軸光線を表す．この表現で点光源からの物体波$E_{in}(u)$を

$$E_{in}(u) = A(u) \cdot e^{-jkR^2/(2u)} \tag{4.6}$$

と一般化して表し，レンズによる結像を以下のように記述できる．
　焦点距離fの凸レンズの波面変形作用は演算子として

第4章 光波の伝わり方

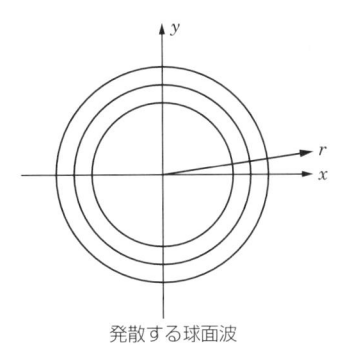

発散する球面波

波面の遅れ / 点光源 / 発散する近軸光線

波面の進み / 焦点 / 収束する近軸光線

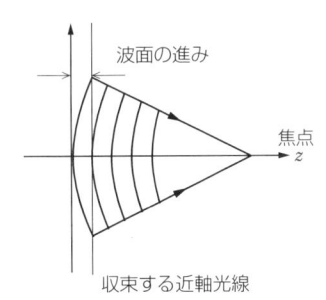

図 **4.1** 球面波と近軸光線近似

$$F = e^{jR^2/(2f)} \tag{4.7}$$

を作用させる．すなわち，距離 u の物体波はレンズ透過後 E_{out} とすると

$$E_{\text{out}} = F \cdot E_{\text{in}}(u) = A(u)e^{jkR^2\{1/(2f)-1/(2u)\}} \tag{4.8}$$

となり

$$\frac{1}{v} \equiv \frac{1}{f} - \frac{1}{u} \tag{4.9}$$

とおけば

$$\begin{aligned}E_{\text{out}} = F \cdot E_{\text{in}}(u) &= A(u)e^{jkR^2\{1/(2f)-1/(2u)\}} \\ &= A(u)e^{jkR^2/(2v)}\end{aligned} \tag{4.10}$$

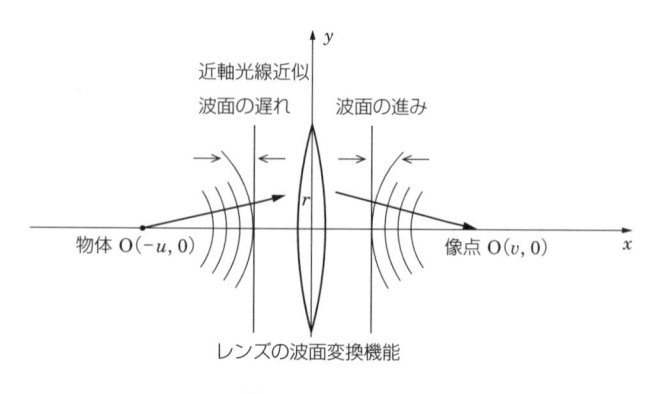

図 4.2 レンズの公式

図**4.2**に示すようにレンズからvの距離に結像する波面を表している．
式(4.8)はレンズの公式に対応する．
このように，近軸光線の振舞いは波面操作により制御されることが分かる．

4.2 複素ビーム
complex beam representation

レーザ発振が報告され，光通信の応用が考えられたとき，レーザビームを正しく理解する努力がなされた．そこで提案されたものが複素ビームの取扱いである．球面波を基準とした近軸光線近似では光強度は軸から離れても同一であり，レーザビームがガウス関数強度分布をもっていることを表現できていない．複素ビームの取扱いはここに原点がある．

平面波に近い波を

$$E = \psi(x,y,z) e^{-jkz} \tag{4.11}$$

とおく．$\psi(x,y,z)$はzのゆっくりした関数であり

$$\psi(x,y,z) \equiv e^{-j\left\{p(z) + \frac{k}{2q(z)}r^2\right\}} \tag{4.12}$$

を考えると，式(4.1)から単純な関係

$$\frac{dp}{dz} = \frac{1}{jq}, \qquad \frac{dq}{dz} = 1 \tag{4.13}$$

を得る．ただし，$r^2 = x^2 + y^2$ とおいた．これは単純な解をもち

$$\left. \begin{array}{l} q(z) = z + q_0 \\ p(z) = p_0 - j\ln\left(1 + \dfrac{z}{q_0}\right) \end{array} \right\} \tag{4.14}$$

$q(z)$ はビーム強度がガウス分布するには複素数でなければならないので，複素距離と呼ばれる．$p(z)$ はゆっくりした位相推移の補正と考えられる．$z = 0$ で

$$E = e^{-\frac{r^2}{\omega^2}} \tag{4.15}$$

なるガウスビームを仮定すると，複素距離は

$$q(z) = z + j\frac{\pi\omega_0^2}{\lambda} \tag{4.16}$$

とおけばよい．おもしろいことに，この複素距離逆数の実部，虚部は波面曲率半径 $R(z)$ とビームスポットサイズ $\omega(z)$ に対応する．

$$\frac{1}{q(z)} = \frac{1}{R(z)} - j\frac{\lambda}{\pi\omega(z)^2} \tag{4.17}$$

すなわち，式(4.16)，式(4.17)から

$$\omega(z) = \omega_0 \sqrt{1 + \left(\frac{z}{\pi\omega_0^2/\lambda}\right)^2} \tag{4.18}$$

$$R(z) = z + \frac{(\pi\omega_0^2/\lambda)^2}{z} \tag{4.19}$$

ここで，共焦点距離 $z_c \equiv \pi\omega_0^2/\lambda$ が重要な量で，ガウス波の波面曲率最小

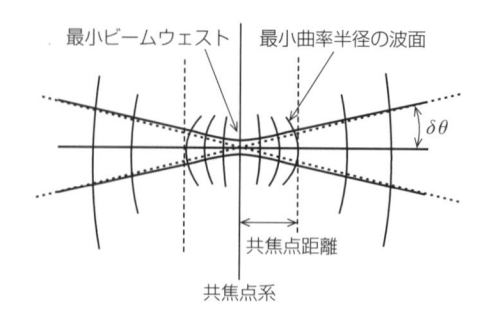

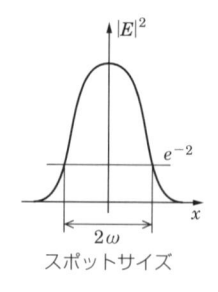

図4.3 複素ビームの形状

値は $z = z_c$ で得られ,そこでのスポットサイズは最小ビームスポットサイズの $\sqrt{2}$ 倍である.この位置に半径 $R = 2z_c$ の球面鏡を配置するファブリペロー光共振器を共焦点系という.これらの関係は図4.3に示される.すなわち,原点の位置に球面ミラーの焦点が一致する. $z = 0$ で最小のビームスポットサイズ(固有スポットサイズ)となる.ビームスポットサイズ軸から離れた位置でガウス波の電界強度は $1/e$ となる.共焦点距離から十分離れるとそのビーム広がりは

$$\delta\theta \approx \frac{\lambda}{\pi\omega_0} \tag{4.20}$$

と近似される.これらの性質はレーザ光線の最も目立つ特長を与えている.すなわち,空間コヒーレンスの良い光線で,その広がり角は1mrad程度と小さい.

半導体レーザや単一モード光ファイバからの放射ビームもガウスビームで良い近似度が得られる.ガウス波の回折損失はスポットサイズの3倍の開口をもてば無視できる.電気光学効果結晶を用いた光変調器の高能率設計や,ビーム光学系を用いた多ポート光スイッチの規模推定にも,式(4.18)は活用できる.

4.3 幾何光学と複素ビーム
geometrical optics and complex beam

幾何光学は光線のイメージで,複素ビームは波動光学のイメージであるが,

第4章 光波の伝わり方

これらの光の飛び方に不思議な統一性，関連が見られる．これも基本がマクスウェル方程式に従うところから当然であろう．

幾何光学は光線の高さ x と光線の傾き dx/dz とを状態ベクトルとして $ABCD$ 行列（基本行列）が定義される（図 **4.4**）．

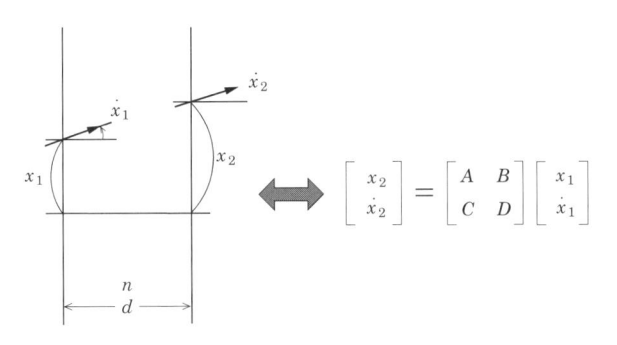

図 **4.4** 基本行列の定義

$$\begin{bmatrix} x_2 \\ \dot{x}_2 \end{bmatrix} = \begin{bmatrix} A & B \\ C & D \end{bmatrix} \begin{bmatrix} x_1 \\ \dot{x}_1 \end{bmatrix} \tag{4.21}$$

例をあげると，屈折率 n，厚さ d の平行平板は

$$\begin{bmatrix} x_2 \\ \dot{x}_2 \end{bmatrix} = \begin{bmatrix} 1 & d/n \\ 0 & 1 \end{bmatrix} \begin{bmatrix} x_1 \\ \dot{x}_1 \end{bmatrix} \tag{4.22}$$

焦点距離の薄肉レンズは

$$\begin{bmatrix} x_2 \\ \dot{x}_2 \end{bmatrix} = \begin{bmatrix} 1 & 0 \\ -1/f & 1 \end{bmatrix} \begin{bmatrix} x_1 \\ \dot{x}_1 \end{bmatrix} \tag{4.23}$$

で，簡単に確かめられる．また応用の広い表現にレンズ状媒質（セルフォックレンズ）があり

$$\begin{bmatrix} x_2 \\ \dot{x}_2 \end{bmatrix} = \begin{bmatrix} \cos\dfrac{z}{a} & \dfrac{a}{n_0}\sin\dfrac{z}{a} \\ -\dfrac{n_0}{a}\sin\dfrac{z}{a} & \cos\dfrac{z}{a} \end{bmatrix} \begin{bmatrix} x_1 \\ \dot{x}_1 \end{bmatrix} \tag{4.24}$$

と表現される．ここに，屈折率分布を

$$n(r) = n_0 \left(1 - \frac{r^2}{2a^2} \right) \tag{4.25}$$

と与えている．

さて，図 **4.5** のように，スポットサイズ ω_1 からスポットサイズ ω_2 へ変換するとき，この変換は複素ビームパラメータ q を基本行列で変換する[*1]．

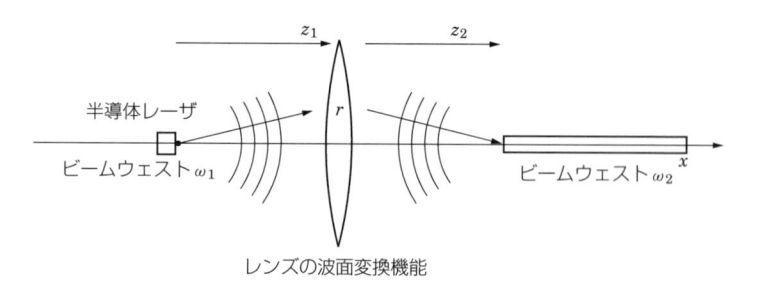

図 4.5 ビームスポットサイズ変換

すなわち

$$q_2 = \frac{Aq_1 + B}{Cq_1 + D} \tag{4.26}$$

が変換公式である．これは第1章で扱った伝送路を介してのインピーダンス変換公式と同一である．ということは，このスポットサイズ変換は，スミス線図と同じように図式解法できることになる．

スミス線図では，インピーダンスを反射率の極座標系に写像する．ここでは，式(4.16)の複素距離を式(4.17)による（曲率，スポットサイズパラメータ）η-ζ 平面に写像する．すなわち

[*1] この変換は直感によって発見され，のちにフェルマーの原理を使ってシーグマンにより証明された (Anthony E. Siegmann: "Lasers", Oxford University Press (1986))．

第4章 光波の伝わり方

$$\frac{1}{q} = \frac{1}{R(z)} - j\frac{\lambda}{\pi\omega(z)^2} = \frac{1}{z + jz_c} \equiv \eta - j\xi \tag{4.27}$$

実部,虚部を分離すると

定距離円群

$$\left(\eta - \frac{1}{2z}\right)^2 + \xi^2 = \left(\frac{1}{2z}\right)^2 \tag{4.28}$$

定固有スポットサイズ円群

$$\left(\xi - \frac{1}{2z_c}\right)^2 + \eta^2 = \left(\frac{1}{2z_c}\right)^2 \tag{4.29}$$

の2系列の円群はちょうどスミス線図の円群に対比できる.定固有スポットサイズ円の受動回路での抵抗分が正に限られることに対応して,正に限られる共焦点距離,すなわち定固有スポットサイズ円群が対応する.これと直交する定リアクタンス円群に相当するものは,定距離円群である.図**4.6**にこの直交円群を示す.添図は,複素ビームのスポットサイズと波面曲率の空間変化を示す図である.添図では固有スポットサイズは一定であるから,定固有スポットサイズ円上の点η-ξはそれぞれ,ビームウェスト$z=0$からの距離zでの曲率半径$1/R(z)$,スポットサイズに対応している.ビームウェストからの距離zは直交する定距離円群の指標から読み取る.発散するビーム方向の距離zは正で,曲率半径も正である.収束するビームはビームウェストからの距離zを負にとり,曲率半径も負である.

検討する複素ビーム変換は,その最大定固有スポットサイズ円の内部のみで記述できる.したがって,マイクロ波で使用するスミス線図をそのまま複素ビーム変換に使用することができる.最大の共焦点距離を単位長とすれば,座標η-ξは規格化され,直読が可能となる.

複素ビームの基本操作は,① ビームウェストから距離zを伝搬させること,② 薄肉レンズで波面曲率を変換(スポットサイズは不変)の二つである.この操作①は固有スポットサイズ一定での変換,すなわち,定固有スポットサイズの上を定距離円との交点に導かれた移動で表現される.操作②はスポットサイズ一定,すなわちξ軸に平行レンズ屈折力$1/f$だけ移動して,新

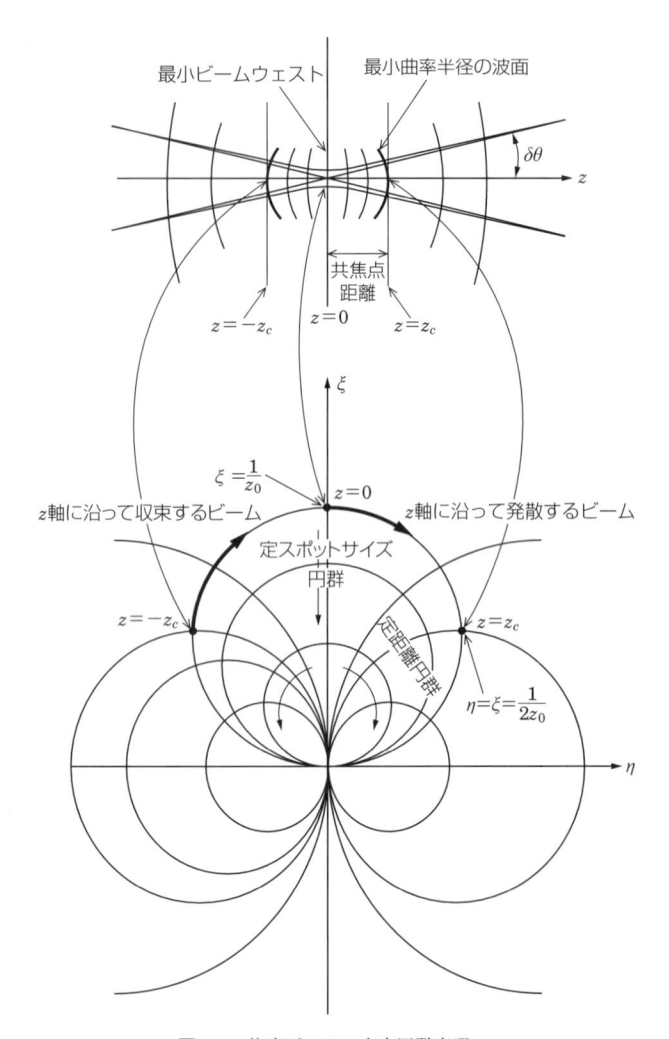

図 4.6 複素ビームの直交円群表現

たな固有スポットサイズ円に変換される．

　ある固有スポットサイズの複素ビームは，定スポットサイズ円群の一つの上を定距離円群を目盛として移動する．薄肉レンズは，挿入点で波面曲率半径のみを変化させ，十分薄いのでスポットサイズ自体は変化しない．したがって，ξ 一定で η がレンズ屈折力 $1/f$ だけシフトする．

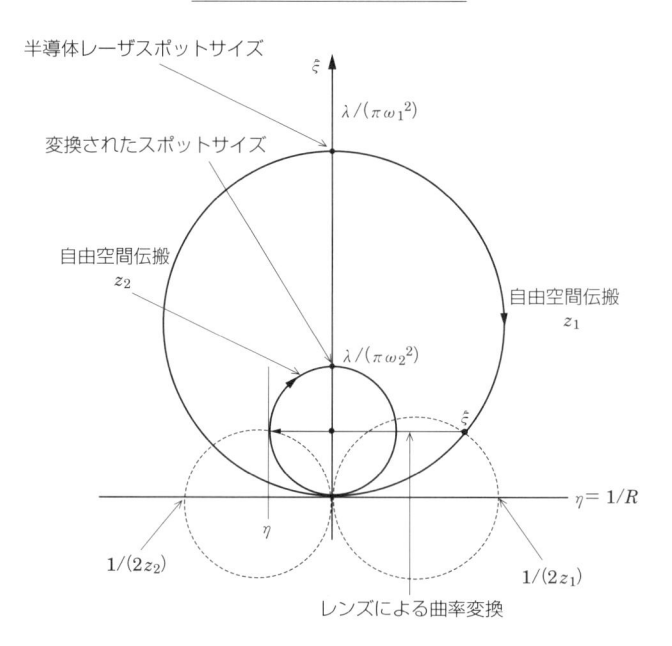

図 4.7 ビームスポットサイズ変換の実際（図4.5に対応して）

図**4.7**のスポットサイズ変換を例に使用法の一つを示す．

半導体レーザの出力を単一モードファイバに効率良く結合させるには，スポットサイズ変換が必要である．二つの固有スポットサイズ円を描き，与えられたレンズで$1/R$軸に平行にリンクできればスポットサイズ整合ができる．単一モードファイバのコア半径aは，規格化周波数$\nu=2$で，固有スポットサイズとしてよい近似である．

半導体レーザの固有スポットサイズω_1から，ビームがξまで広がった位置に凸レンズfで曲率をηに変換して，ビームウェストω_2を得る．

自由空間伝搬の長さは固有スポットサイズの位置$z=0$から$z=z_1$の定距離円との交点までで定まり，z_1と求まる[*2]．

[*2] スミス線図での定抵抗円が定固有スポットサイズ円，定リアクタンス円が定距離円である．図4.7は90度回転するとスミス線図に一致．

4.4 平面波展開
planewaves expansion

コンピュータの発展により手軽にフーリエ変換を利用できる現在，光波を平面波の重ね合わせで展開することは最も基本的手法といえる．ここでは，平面波展開から逆にフレネル近似やフラウンホーファー近似を論ずる．その手法はホログラムなどフーリエ光学の基本である．

図4.8に示すように，開口面の光波複素振幅$U_1(x_1, y_1)$を平面波の重ね合わせで記述する．

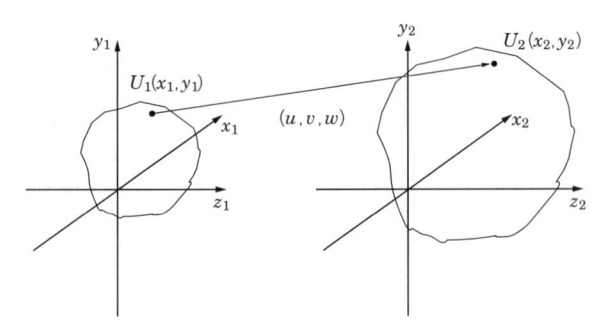

図 4.8　平面波展開

$$U_1(x_1, y_1) = \iint A_1(u, v) \exp\{-j2\pi(ux_1 + vy_1)\} du dv \quad (4.30)$$

積分範囲は平面波(u, v)の波数ベクトル$(2\pi u, 2\pi v)$に対して，波数$k = 2\pi/\lambda$として

$$-k < 2\pi u,\ 2\pi v < k \quad (4.31)$$

となる．空間周波数で表現すれば

$$-\frac{1}{\lambda} < u,\ v < \frac{1}{\lambda} \quad (4.32)$$

であり，波長が開口面に対して十分短いなら，$\pm\infty$の積分範囲と同等である．逆変換は

$$A_1(u,v) = \iint U_1(x_1, y_1)\exp\{-j2\pi(ux_1+vy_1)\}dx_1 dy_1 \quad (4.33)$$

この平面波成分 $A_1(u,v)$ が z_1 平面から z_2 平面まで伝搬して $A_2(u,v)$ になったとすると

$$A_2(u,v) = A_1(u,v)\exp\{-j2\pi w(z_2-z_1)\} \quad (4.34)$$

ここで

$$u^2 + v^2 + w^2 = \frac{1}{\lambda^2} \quad (4.35)$$

z 軸の近軸領域を考えると

$$w = \sqrt{\frac{1}{\lambda^2} - u^2 - v^2} \approx \frac{1}{\lambda} - \frac{\lambda}{2}(u^2+v^2) \quad (4.36)$$

したがって

$$A_2(u,v) = A_1(u,v)\exp\{(-jkl)\exp\{j\pi\lambda l(u^2+v^2)\}\} \quad (4.37)$$

ただし,

$$l = z_2 - z_1$$

z_2 平面での合成される光波複素振幅 $U_2(x_2, y_2)$ は

$$U_2(x_2, y_2) = \iint A_2(u,v)\exp\{-j2\pi(ux_2+vy_2)\}dudv \quad (4.38)$$

$U_1(x_1, y_1)$ を使ってこれを表現すると

$$\begin{aligned}U_2(x_2,y_2) = \exp(-jkl)\iint A_1(u,v)\exp\{j\pi\lambda l(u^2+v^2)\} \\ \times \exp\{-j2\pi(ux_2+vy_2)\}dudv\end{aligned} \quad (4.39)$$

これはフーリエ変換の積の逆変換であるので,公式により畳込みで表現できる.

$$U_2(x_2,y_2) = \exp(-jkl)U_1(x_1,y_1) \otimes \iint \exp\{j\pi\lambda l(u^2+v^2)\}$$
$$\times \exp\{-j2\pi(ux_2+vy_2)\}dudv \tag{4.40}$$

これを計算すると

$$U_2(x_2,y_2) = \exp(-jkl)U_1(x_1,y_1) \otimes \frac{j}{\lambda l}\exp\left\{-jk\frac{x_2^2+y_2^2}{\lambda l}\right\} \tag{4.41}$$

すなわち

$$U_2(x_2,y_2) = \frac{j}{\lambda l}\exp(-jkl)\iint U_1(x_1,y_1)$$
$$\times \exp\left\{-jk\frac{(x_2-x_1)^2+(y_2-y_1)^2}{2l}\right\}dx_1dy_1 \tag{4.42}$$

さて，平面波の重ね合わせ式(4.34)と式(4.36)の近軸近似を組み合わせて，フレネル回折表現に到達した．
　これを

$$\frac{x_2^2+y_2^2}{\lambda l} \ll 1 \tag{4.43}$$

の近似で簡単化するとフラウンホーファー回折領域近似

$$U_2(x_2,y_2) = \frac{j}{\lambda l}\exp(-jkl)\exp\left(-jk\frac{x_2^2+y_2^2}{2l}\right)\iint U_1(x_1,y_1)$$
$$\times \exp\left\{j2\pi\frac{x_2x_1+y_2y_1}{l\lambda}\right\}dx_1dy_1 \tag{4.44}$$

となる.これは開口面の光波複素振幅 $U_1(x_1, y_1)$ の二次元フーリエ変換となっている.この取扱いはフーリエ光学の基礎となっていることは無論のこと,光波の伝搬における数値解析の基盤を与える.

4.5 ビーム伝搬法
beam propagation method

第3章では,開口面の光波電界分布からある距離だけ離れた開口面での光波電界分布を求める方法として,積分表現ないしは回折波の取扱いを調べた.そこでは,ある開口面の光波分布を平面波展開し,要素平面波の伝搬を近軸光線近似などして再び平面波を合成することで離れた面での光波分布を求めている.これを拡張すると,屈折率分布を薄い切片 dz に切り刻み,そこで生じる位相面変化を付加した光波を平面波展開し,次の切片へ伝搬させ平面波を再合成する.これを繰り返すことで,光導波路や光集積回路で屈折率分布を与えたとき,どのように光波が伝搬していくかを光波の伝搬に同期しながら逐次的に計算していく,いわゆる"ビーム伝搬法"が理解できる.

z 軸方向に伝搬する進行波電界が波長に比較してゆっくり変化すると近似すればスカラ波動方程式は

$$\frac{\partial^2 E}{\partial x^2} + \frac{\partial^2 E}{\partial y^2} - j2kn_0 \frac{\partial E}{\partial z} + k^2\left(n^2 - n_0^2\right)E = 0 \tag{4.45}$$

ここで,n は導波路屈折率分布,n_0 は構造から離れたところの屈折率(例えばクラッド部分の一様な屈折率),k は真空中の波数ベクトルである.進行波電界を

$$E(x,y,z) = a(x,y,z)e^{-jkn_0 z} \tag{4.46}$$

とおくと,式(4.42)は屈折率差が小さいと仮定して

$$\frac{\partial a}{\partial z} = -j\frac{1}{2kn_0}\left(\frac{\partial^2}{\partial x^2} + \frac{\partial^2}{\partial y^2}\right)a - jk(n-n_0)a \tag{4.47}$$

となる.演算子 A,B を

$$A = -j\frac{1}{2kn_0}\left(\frac{\partial^2}{\partial x^2} + \frac{\partial^2}{\partial y^2}\right) \tag{4.48}$$

$$B = -jk(n - n_0) \tag{4.49}$$

とおいて，式(4.44)を形式的に積分すると

$$a(x, y, z+h) = \exp(Ah + Bh)a(x, y, z) \tag{4.50}$$

ここで，h は伝搬方向の微小区間の長さである．この演算子 $\exp(Ah + Bh)$ を分割するとき

$$\exp(Ah + Bh) = \exp\left(\frac{Ah}{2}\right)\exp(Bh)\exp\left(\frac{Ah}{2}\right) + O(h^3) \tag{4.51}$$

とすると近似精度が良い．$O(h^3)$ は微小区間 h の3次以上の誤差を示す．演算子 A は媒質 n_0 の自由伝搬，演算子 B は屈折率分布による位相面変化を表す．

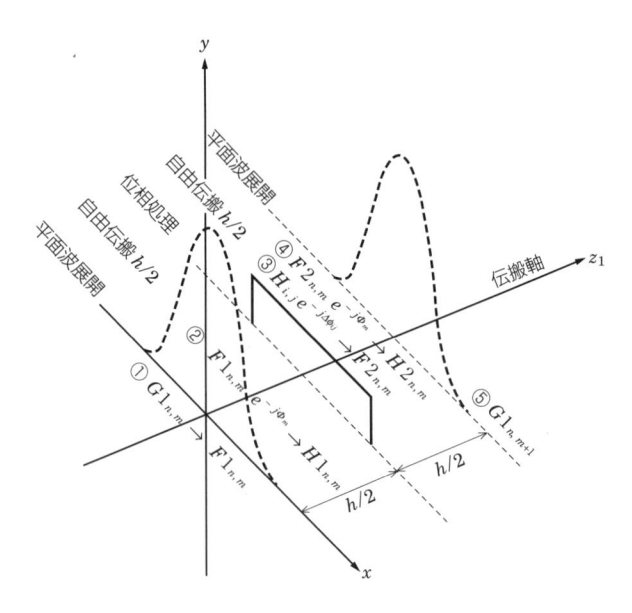

図 4.9 ビーム伝搬法の演算過程

第4章 光波の伝わり方　47

演算子 A の実行は，平面波展開による $h/2$ 区間先の波面推定で，フーリエ変換による空間周波数領域での演算処理が対応する．演算子 B の実行は，実空間での位相面変形の演算が対応する．具体的に演算を記すと図 **4.9** となる．

① $G1_{n,m}$ をフーリエ変換 $= F1_{n,m}$
② $F1_{n,m} \exp\left(-j\sqrt{k^2 - u_m^2}\, h/2\right)$ を逆フーリエ変換 $= H1_{n,m}$
③ $H_{i,j} \exp(-j\Delta n_{i,j} h)$ をフーリエ変換 $= F2_{n,m}$
④ $F2_{n,m} \exp\left(-j\sqrt{k^2 - u_m^2}\, h/2\right)$ を逆フーリエ変換 $= H2_{n,m}$
⑤ $H2_{n,m}$ を $G1_{n,m+1}$

して繰り返す．

簡単な例として多モード干渉 MMI スターカプラを示す．図 **4.10** は MMI 素子の屈折率分布を示す．

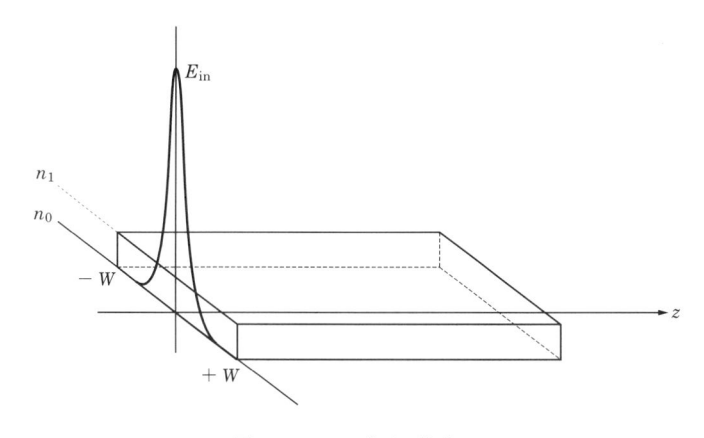

図 **4.10** MMI 素子の構造

図 **4.11** は MMI 素子の電界強度分布を示す．入射ビームはスラブ導波路内で，z 軸方向に伝搬しながら回折限界の広がりを示し，MMI 素子の境界面 $\pm W$ に達して反射され，x 軸方向にも干渉パターンを生じる．A-A′ 断面を図示すると図 **4.12** となり，12 本の導波路を配置すると 12 分岐が可能な強度分布が得られる．これが MMI 素子によるスターカプラの原理である．

素朴な例であるが，BPM による導波路の解析は波長多重システムのモデル化で重要な役割を担う．デバイス設計用シミュレータは高度化専門化した

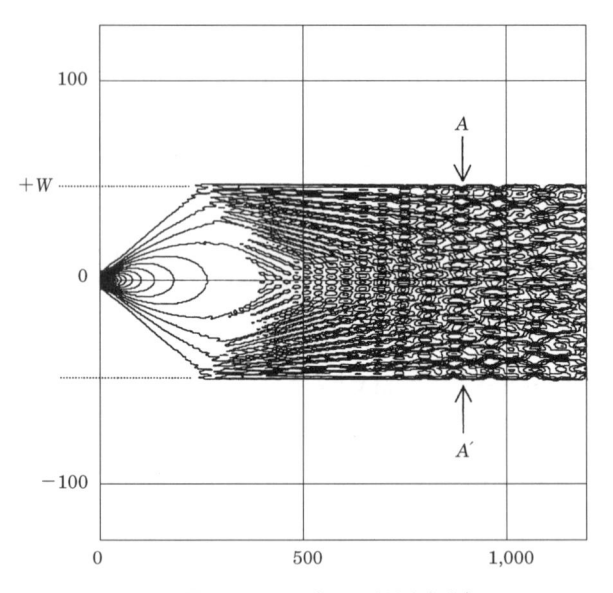

図 **4.11** MMI素子の電界強度分布

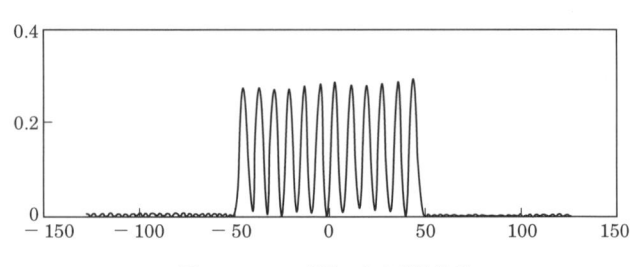

図 **4.12** MMI素子による分岐特性

ものが多く市販されている．しかし，新しいシステムを創造するバーチャルネットワーク解析には自前シミュレータが威力を発揮する．

第 5 章

分布結合線路
Distributed Coupled Waveguides

　光の領域では，媒質の誘電率などを人工的に変化させる変化幅も小さい．効果的な変化をもたらすには光の波長が短いことを利用して，空間的に長く相互作用させることが用いられている．この章ではその三つの典型的例をあげる．一つは，空間的に一様な分布的な結合する二つの線路（分布結合線路）であり，方向性結合器やそれを利用した光変調器が相当する．ほかの例としては，周期的に変化する分布結合の場合で，導波路グレーティングがこれに相当する．更に最後に非線形光学効果によるパラメトリック増幅が同一の結合方程式となることをみる．

　マイクロ波技術の歴史を振り返ると，高精度に波の伝搬を制御できはじめると進行波形の増幅器や発振器に新しい飛躍がみられた．

　光波技術でも波長多重ネットワーク技術の高精度化が進展し，パラメトリック光増幅器などの超低雑音増幅器など，光ネットワーク技術の飛躍に，新しい進行波形素子への期待が高まっている．特に，ホトニック結晶内での種々の伝搬モードの活用など，進行波形素子の保育箱かもしれない．

5.1 一様な分布結合
uniformly coupled waveguides

二つの線路が接近すると,光波のしみだした部分(エバネッセント波)が相手の導波路に重なり結合が生じる(図 5.1).これら導波路を伝搬するモードの複素振幅を A_1, A_2,位相定数を β_1, β_2,伝搬方向を z とすれば,一様な分布結合のようすを次のように表現できる.

$$\left.\begin{aligned}\frac{dA_1}{dz} &= -j\beta_1 A_1 - jk_c A_2 \\ \frac{dA_2}{dz} &= -jk_c A_1 - j\beta A_2\end{aligned}\right\} \tag{5.1}$$

k_c は分布結合定数と呼ばれる.この解法はラプラス変換によると美しいので細かく示そう.

複素振幅を A_1, A_2,ラプラス変換を $\tilde{A}_1$, $\tilde{A}_2$ とおけば

$$\left.\begin{aligned}s\tilde{A}_1 - A_1(0) &= -j\beta_1 \tilde{A}_1 - jk_c \tilde{A}_2 \\ s\tilde{A}_2 - A_2(0) &= -jk_c \tilde{A}_1 - j\beta_2 \tilde{A}_2\end{aligned}\right\} \tag{5.2}$$

すなわち行列表現すると

$$\begin{bmatrix} s+j\beta_1 & jk_c \\ jk_c & s+j\beta_2 \end{bmatrix}\begin{pmatrix} \tilde{A}_1 \\ \tilde{A}_2 \end{pmatrix} = \begin{pmatrix} A_1(0) \\ A_2(0) \end{pmatrix} \tag{5.3}$$

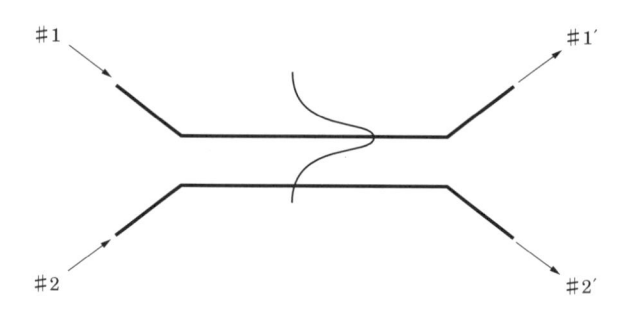

図 5.1 一様な分布結合線路

行列式

$$\Delta = \left(s + j\bar{\beta}\right)^2 + k_c^2 + \delta\beta^2 \tag{5.4}$$

ここで

$$\bar{\beta} = \frac{\beta_1 + \beta_2}{2}, \qquad \delta\beta = \frac{\beta_1 - \beta_2}{2} \tag{5.5}$$

$$\begin{pmatrix} \tilde{A}_1 \\ \tilde{A}_2 \end{pmatrix} = \frac{1}{\Delta} \begin{bmatrix} s + j\beta_2 & -jk_c \\ -jk_c & s + j\beta_1 \end{bmatrix} \begin{pmatrix} A_1(0) \\ A_2(0) \end{pmatrix} \tag{5.6}$$

ラプラス逆変換を行えば

$$\begin{pmatrix} A_1 \\ A_2 \end{pmatrix} = e^{-j\bar{\beta}z} \begin{bmatrix} \cos\sqrt{k_c^2 + \delta\beta^2}\,z - \dfrac{j\delta\beta}{\sqrt{k_c^2 + \delta\beta^2}}\sin\sqrt{k_c^2 + \delta\beta^2}\,z & \dfrac{jk_c}{\sqrt{k_c^2 + \delta\beta^2}}\sin\sqrt{k_c^2 + \delta\beta^2}\,z \\ \dfrac{jk_c}{\sqrt{k_c^2 + \delta\beta^2}}\sin\sqrt{k_c^2 + \delta\beta^2}\,z & \cos\sqrt{k_c^2 + \delta\beta^2}\,z + \dfrac{j\delta\beta}{\sqrt{k_c^2 + \delta\beta^2}}\sin\sqrt{k_c^2 + \delta\beta^2}\,z \end{bmatrix} \begin{pmatrix} A_1(0) \\ A_2(0) \end{pmatrix} \tag{5.7}$$

図 **5.2** は，$A_1(0) = 1$，$A_2(0) = 0$ のとき，均一な分布結合線路のエネルギー交換のようすを示す．位相整合のとき，すなわち，$\delta\beta = 0$ のときは完全に 100％エネルギー移行が結合長 $L_c = \pi/(2k_c)$ ごとに生じる．長さ $z = L_c/2 = \pi/(4k_c)$ で 50：50 の等分配となり，これを 3 dB 結合器という．$\delta\beta \neq 0$ では，もはや，100％のエネルギー移行は生じない．しかし，3 dB 結合器をつくるには，長さに対する誤差許容量が $\delta\beta = k_c$ のときが大きく都合が良い．位相定数不整合が大きいほどエネルギー移行に必要な線路長は図 5.2 で明らかなように長くなる．

この一様な分布結合線路は，別の見方を導入しておくと役に立つ．すなわち，式 (5.3) は右辺に入力ベクトルが励振項として存在する．これを 0 にする

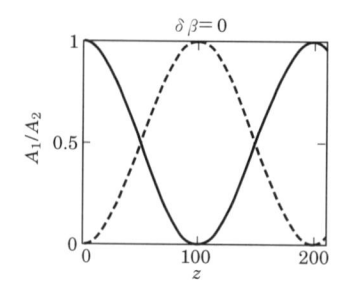

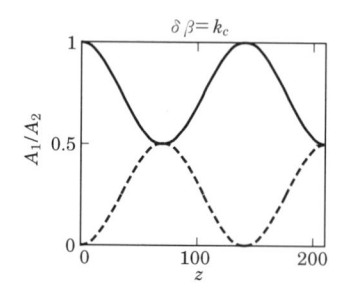

図 5.2　一様な分布結合

と自由振動モード（固有モード）が求められる．行列式(5.4) = 0 の固有値を S_+, S_- とすると

$$\left.\begin{matrix} S_+ \\ S_- \end{matrix}\right\} = -j\bar{\beta} \pm j\sqrt{\delta\beta^2 + k_c^2} \tag{5.8}$$

ここで簡単のため $\beta_1 = \beta_2 = \bar{\beta}$ とすると，固有モードを決める方程式は

$$\begin{bmatrix} \pm j\sqrt{\delta\beta^2 + k_c^2} & jk_c \\ jk_c & \pm j\sqrt{\delta\beta^2 + k_c^2} \end{bmatrix} \begin{bmatrix} \tilde{A}_1 \\ \tilde{A}_2 \end{bmatrix}$$

$$= \begin{bmatrix} \pm jk_c & jk_c \\ jk_c & \pm jk_c \end{bmatrix} \begin{bmatrix} \tilde{A}_1 \\ \tilde{A}_2 \end{bmatrix} = 0 \tag{5.9}$$

固有モードを求めると，

$$\left.\begin{matrix} \text{偶モード} \quad \tilde{A}_+ \equiv \dfrac{1}{\sqrt{2}} \begin{bmatrix} 1 \\ 1 \end{bmatrix} \\ \text{奇モード} \quad \tilde{A}_- \equiv \dfrac{1}{\sqrt{2}} \begin{bmatrix} 1 \\ -1 \end{bmatrix} \end{matrix}\right\} \tag{5.10}$$

ここで，$\tilde{e}$ を $\beta_1 = \beta_2$ における結合する前の線路の固有モードとすると，図 5.3 の固有モードイメージが描ける．

図5.1において，入力が導波路#1に"1"，#2に"0"とすると，

第5章 分布結合線路

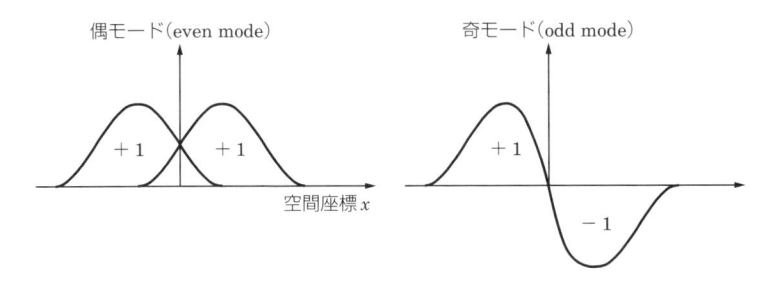

図 5.3 結合した線路の固有モード

入力端では

$$\tilde{A}(0) = 1\cdot \tilde{A}_+ + 1\cdot \tilde{A}_- = \begin{bmatrix} 1 \\ 0 \end{bmatrix} \tag{5.11a}$$

出力端では

$$\tilde{A}(z) = \tilde{A}_+ e^{-jk_c z} + \tilde{A}_- e^{+jk_c z} \tag{5.11b}$$

となるから，$2k_c z = \pi$ では

$$\tilde{A}\left(\frac{\pi}{2k_c}\right) = -j\left(\tilde{A}_+ - \tilde{A}_-\right) = -j\begin{bmatrix} 0 \\ 1 \end{bmatrix} \tag{5.12}$$

とエネルギー移行が固有モードの位相推移の違いで，干渉の具合の変化として説明される．一般に縮退（$\beta_1 = \beta_2$）していたモードが結合により縮退がとけて $\beta_+ = \beta + k_c$, $\beta_- = \beta - k_c$ に分離する．これは，連成振り子や，原子と

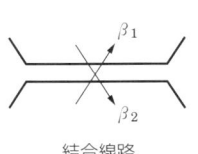

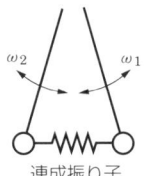

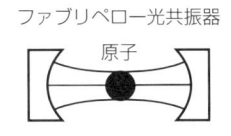

図 5.4

光子が強く結合した状態（光子の衣を着た原子）なども共通に理解できる，広がりをもつ概念である（図 **5.4** 参照）．

5.2 周期的な分布結合
periodically coupled waveguides

さて，ファイバに紫外線干渉縞を照射して屈折率の周期的変化を書き込むファイバグレーティングフィルタなどは，進行波と後進波の間に周期的な分布結合を実現する有用な基本機能素子である（図 **5.5**）．

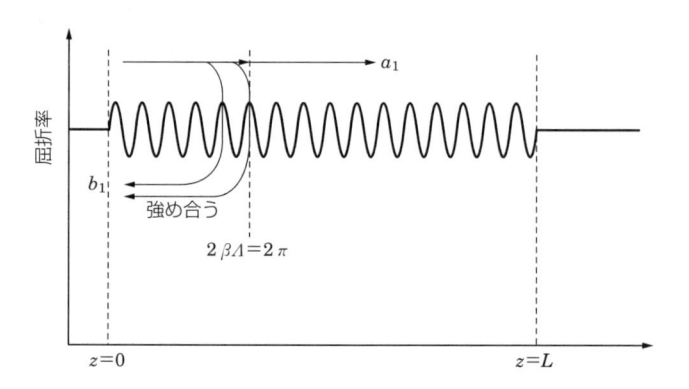

図 **5.5** 周期的な分布結合

このような周期的な分布結合は次式のように記述できる．

$$\left. \begin{array}{l} \dfrac{dA_1}{dz} = -j\beta_1 A_1 - jk_c \cos\dfrac{2\pi}{\Lambda} A_2 \\[2mm] \dfrac{dA_2}{dz} = +jk_c \cos\dfrac{2\pi}{\Lambda} A_1 - j\beta A_2 \end{array} \right\} \quad (5.13)$$

この分布結合方程式もパラメトリック増幅器のような非線形光学効果の解析にも現れるので基本的解法を示しておこう．

$$\left. \begin{array}{l} A_1 = a_1 e^{-j\beta_1 z} \\ A_2 = a_2 e^{-j\beta_2 z} \end{array} \right\} \quad (5.14)$$

とおくと

$$\frac{da_1}{dz} = -\frac{jk_c}{2}\left\{ e^{j\left(\beta_1-\beta_2-\frac{2\pi}{\Lambda}\right)z} + e^{j\left(\beta_1-\beta_2+\frac{2\pi}{\Lambda}\right)z}\right\} a_2 \qquad (5.15)$$

ここで，$\beta = \beta_1 = -\beta_2 (>0)$の逆方向に進む波の結合を考えると，右辺括弧内の第2項は早く変化する項で積分への寄与は無視できる．したがって

$$\phi = \frac{1}{2}\left(\beta_1 - \beta_2 - \frac{2\pi}{\Lambda}\right) = \beta - \frac{\pi}{\Lambda} \qquad (5.16)$$

を用いて，周期的な分布結合の基本方程式(5.8)は変換されて

$$\left.\begin{aligned}\frac{da_1}{dz} &= -j\frac{k_c}{2}e^{+j2\phi z}a_2 \\ \frac{da_2}{dz} &= -j\frac{k_c}{2}e^{-j2\phi z}a_1\end{aligned}\right\} \qquad (5.17)$$

これは一方を消去可能で

$$\frac{d^2 a_1}{dz^2} - j2\phi\frac{da_2}{dz} - \left(\frac{k_c}{2}\right)^2 a_1 = 0 \qquad (5.18)$$

となる．伝搬定数 $\gamma = j\phi \pm \sqrt{(k_c/2)^2 - \phi^2}$ を用いて，結合状態の波長依存性を知ることができる．例えば，境界条件$A_1(0) = 1$, $A_2(L) = 0$のとき

$$R(\omega) = \frac{A_2(0)}{A_1(0)} = \frac{\dfrac{-jk_c/2}{\sqrt{(k_c/2)^2-\phi^2}}\tanh\sqrt{(k_c/2)^2-\phi^2}\,L}{1+\dfrac{j\phi/2}{\sqrt{(k_c/2)^2-\phi^2}}\tanh\sqrt{(k_c/2)^2-\phi^2}\,L} \qquad (5.19)$$

が反射率を表す．回折格子の強さはk_cLで表現されて，図**5.6**のような反射率周波数特性が得られる．強い反射は伝送路の回折格子が遮断域，すなわち位相定数が純虚数（伝搬定数が実数）のときで，回折格子の中の光波は外に出られない．また反射の小さな領域では回折格子は通過域である．

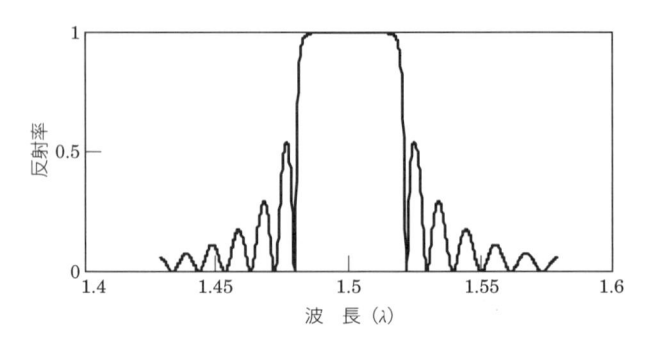

図 5.6　周期的な分布結合

5.3　非線形光学による分布結合線路（パラメトリック光増幅器） nonlinearly coupled waveguides (optical parametric amplifier)

　結合定数が小さく素子の寸法が波長に比較して大きい光領域では，分布結合が多く利用され位相速度の同期（位相整合）が重要であると述べてきた．非線形光学回路素子は，波長分割多重（WDM）ネットワークでの波長変換や超高速時分割方式（OTDM）ネットワークでの光ゲートなど，電気的処理の速度限界を光技術が超える手法として重要になっている．中でもパラメトリック光増幅器は量子光学での"スクイーズド光波"や"絡み合った二つの光子"の生成からも特に重要になってこよう[*1]．ここでは簡単に非線形分布光結合における非線形分極波とポンプ波や信号波の位相同期と増幅利得係数の関係を理解する．

　マクスウェル方程式において，非線形分極は受動回路への駆動項となっている．すなわち

$$D = \varepsilon E + P^{NL} \tag{5.20}$$

$$\frac{\partial^2 E}{\partial z^2} = \mu_0 \varepsilon \frac{\partial^2 E}{\partial t^2} + \mu_0 \frac{\partial^2 P^{NL}}{\partial t^2} \tag{5.21}$$

[*1]　松岡正浩："量子光学"，東京大学出版会（1996）は入門書として理論，実験のバランスが良い．

第5章 分布結合線路

2次の非線形分極は2階非線形光学定数テンソルを用いて

$$
\begin{bmatrix} P_x \\ P_y \\ P_z \end{bmatrix} = \begin{bmatrix} d_{11} & d_{12} & d_{13} & d_{14} & d_{15} & d_{16} \\ d_{21} & d_{22} & d_{23} & d_{24} & d_{25} & d_{26} \\ d_{31} & d_{32} & d_{33} & d_{34} & d_{35} & d_{36} \end{bmatrix} \begin{bmatrix} E_x^2 \\ E_y^2 \\ E_z^2 \\ 2E_y E_z \\ 2E_z E_x \\ 2E_x E_y \end{bmatrix} \tag{5.22}
$$

と表せる．ここで，2階非線形光学定数テンソルは省略形の表示

$$
d_{ijk} = d_{il} \qquad (i,j,k = 1,...,3; l = 1,...,6) \tag{5.23}
$$

を用いた．このテンソルは結晶の属する点群の対称回転操作に不変であることが要請され，0でない値の成分は限られる．代表的非線形光学結晶 LiNbO$_3$ の場合を具体的に書けば

$$
\left.\begin{aligned}
P_x &= 2d_{15} E_z E_x - 2d_{22} E_x E_y \\
P_y &= -d_{22} E_x^2 + d_{22} E_y^2 + 2d_{15} E_y E_z \\
P_z &= d_{31} E_x^2 + d_{31} E_y^2 + d_{33} E_z^2 \\
d_{15} &= d_{31}
\end{aligned}\right\} \tag{5.24}
$$

となる．これを用いた光パラメトリック増幅をポンプ波，信号波，アイドラ波がy軸偏波とし，z軸方向に伝搬する構成とすると（図**5.7**），式(5.21)，式(5.24)から

$$
\left.\begin{aligned}
\frac{\partial^2 E_y}{\partial z^2} &= \mu_0 \varepsilon \frac{\partial^2 E_y}{\partial t^2} + \mu_0 \frac{\partial^2 P_y^{NL}}{\partial t^2} \\
P_y^{NL} &= d_{22} E_y^2
\end{aligned}\right\} \tag{5.25}
$$

ここで三波の合成された光電界は

$$
\begin{aligned}
E_y &= A_p \exp\{j(\omega_p t - \beta_p z)\} + A_s \exp\{j(\omega_s t - \beta_s z)\} \\
&\quad + A_i \exp\{j(\omega_i t - \beta_i z)\} + \text{c.c.}
\end{aligned} \tag{5.26}
$$

ここに，ポンプ波の周波数ω_p，位相定数β_p，複素振幅A_p，信号波の周波

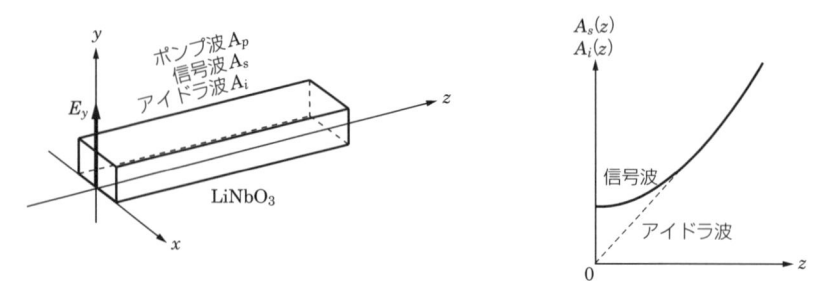

図 5.7 LiNbO₃パラメトリック増幅器

数ω_s，位相定数β_s，複素振幅A_s，アイドラ波の周波数ω_i，位相定数β_i，複素振幅A_i，

$$\text{エネルギー保存則} \quad \omega_p = w_s + \omega_i \tag{5.27}$$

と，複素振幅はゆっくりしたzの関数と仮定すると

$$\left.\begin{aligned}\frac{dA_s}{dz} &= -\frac{j\omega_s}{2}\sqrt{\frac{\mu_0}{\varepsilon_s}}d_{22}A_p A_i^* \exp(-j\Delta\beta z) \\ \frac{dA_i^*}{dz} &= \frac{j\omega_i}{2}\sqrt{\frac{\mu_0}{\varepsilon_i}}d_{22}A_s A_p^* \exp(+j\Delta\beta z) \\ \frac{dA_p}{dz} &= -\frac{j\omega_p}{2}\sqrt{\frac{\mu_0}{\varepsilon_p}}d_{22}A_s A_i \exp(+j\Delta\beta z)\end{aligned}\right\} \tag{5.28}$$

ポンプ波から信号波，アイドラ波へエネルギーが変換されて増幅するわけではあるが，ポンプ波の減少が少ない場合を考えるとき，式(5.28)でポンプ波複素振幅は定数と取り扱う．この仮定のもとでは，式(5.28)は周期構造でのブラッグ反射の式(5.17)と同形である．両式を比べると周期構造が，非線形光学効果でポンプ波により進行波の形態で生成されていることが理解できる．すなわち，信号波の変化は

第5章　分布結合線路

$$\begin{aligned}
&\frac{d^2 A_s}{dz^2} + j\Delta\beta \frac{dA_s}{dz} - g^2 A_s = 0 \\
&g^2 = \frac{\omega_s \omega_i \mu_0 d_{22}^2}{4\sqrt{\varepsilon_s \varepsilon_i}} |A_p|^2 \\
&\Delta\beta \equiv \beta_p - \beta_s - \beta_i
\end{aligned} \right\} \quad (5.29)$$

ここに，g は利得係数，$\Delta\beta$ は位相不整合量である．
$A_s \propto \exp(\gamma z)$ 形の解を仮定すれば

$$\gamma = -j\frac{\Delta\beta}{2} \pm \sqrt{g^2 - \left(\frac{\Delta\beta}{2}\right)^2} \quad (5.30)$$

となる．位相整合 $\Delta\beta = 0$，$A_i(z=0) = 0$ では，信号波，アイドラ波の増幅は

$$\left. \begin{aligned}
A_s(z) &= A_s(0)\cosh(gz) \\
A_i(z) &= A_s(0)\sinh(gz)
\end{aligned} \right\} \quad (5.31)$$

で評価できる．

信号波とアイドラ波が同一モードで周波数も同じとき，このパラメトリック増幅器は縮退しているという．これは将来の量子光ネットワークでも重要なスクイーズド状態や強い相関の（絡み合った）偏波状態などの生成の基本である．

そこで式(5.28)を演算子表現すると，完全な位相整合条件で

$$\left. \begin{aligned}
\frac{da}{dz} &= \chi\sqrt{N_p}\, a^+ \\
\frac{da^+}{dz} &= -\chi\sqrt{N_p}\, a
\end{aligned} \right\} \quad (5.32)$$

と与えられる．ここで十分に強く，古典的表現が妥当なポンプ波は

$$a_p \equiv \sqrt{N_p}\, e^{j\phi_p} \quad (5.30)$$

とおき，かつ，$\phi_p = 0$ とする．

ここで，直交位相複素振幅作用素 χ_c, χ_s を

$$\left.\begin{aligned} \chi_c &= \frac{1}{2}\left(a+a^+\right) \\ \chi_s &= \frac{1}{2i}\left(a-a^+\right) \end{aligned}\right\} \tag{5.33}$$

と定義すると

$$\begin{cases} \dfrac{d\chi_c}{dz} = \chi\sqrt{N_p}\,\chi_c \\ \dfrac{d\chi_s}{dz} = -\chi\sqrt{N_p}\,\chi_s \end{cases} \leftrightarrow \begin{cases} \chi_c(z) = \chi_c(0)e^{\tilde{g}z} \\ \chi_s(z) = \chi_s(0)e^{-\tilde{g}z} \end{cases} \tag{5.33}$$

となる．ここで，$\tilde{g}=\chi\sqrt{N_p}$．

この変換は，位相を選ぶことで増幅と減衰を選択でき，それぞれ，無雑音付加増幅とスクイーズド状態生成に対応している．絡み合った偏波状態など，縮退パラメトリック変換への期待は大きい．

第 6 章

異方性媒質の中の光伝搬
Light Wave Propagation in Anisotropic Medium

　電気光学効果を用いる光変調器や非線形結晶による波長変換など異方性媒質中の光波伝搬について簡単にまとめる．前章で述べたように，光ネットワークの飛躍に，進行波形素子の寄与の可能性が期待されている．

　ここでは，古典的な異方性媒質の中の光伝搬に限るが，新しい光媒体としてのホトニック結晶は特異な異方性が多く存在し，その解明はこれからの課題として残されている．この異方性の活用から新素子の出現する期待も大きい．

6.1 異方性媒質中の光波伝搬
light wave propagation in anisotropic medium

異方性媒質ではエネルギーの伝搬する方向,すなわちポインティングベクトルの方向と,波面の法線,すなわち波数ベクトルの方向が異なる.これは異なる周波数の光波の位相整合に利用される.

電界,磁界を

$$\left.\begin{array}{l}\vec{E}(t,\vec{r}) = \vec{E}\exp\left(j\omega t - j\vec{k}\cdot\vec{r}\right) \\ \vec{H}(t,\vec{r}) = \vec{H}\exp\left(j\omega t - j\vec{k}\cdot\vec{r}\right)\end{array}\right\} \quad (6.1)$$

とおき,$\partial/\partial x \to -jk_x$ などと変換すると

$$\begin{aligned}\nabla \times \vec{E}(r) &= \left(\begin{bmatrix}\frac{\partial}{\partial y} & \frac{z}{\partial z} \\ E_y & E_z\end{bmatrix}, \begin{bmatrix}\frac{\partial}{\partial z} & \frac{z}{\partial x} \\ E_z & E_x\end{bmatrix}, \begin{bmatrix}\frac{\partial}{\partial x} & \frac{z}{\partial y} \\ E_x & E_y\end{bmatrix}\right) \\ &= -j\left(\begin{bmatrix}k_y & k_z \\ E_y & E_z\end{bmatrix}, \begin{bmatrix}k_z & k_x \\ E_z & E_x\end{bmatrix}, \begin{bmatrix}k_x & k_y \\ E_x & E_y\end{bmatrix}\right)\end{aligned} \quad (6.2)$$

書き直せば

$$\nabla \times \vec{E}(r) = -j\vec{k}\times\vec{E} \quad (6.3)$$

マクスウェル方程式は

$$\left.\begin{array}{ll}\nabla \times \vec{E}(t,\vec{r}) = -\mu_0\dfrac{\partial \vec{H}(t,\vec{r})}{\partial t} & \leftrightarrow \quad \omega\mu_0\vec{H} = \vec{k}\times\vec{E} \\[6pt] \nabla \times \vec{H}(t,\vec{r}) = \dfrac{\partial \vec{D}(t,\vec{r})}{\partial t} & \leftrightarrow \quad \omega\vec{D} = -\vec{k}\times\vec{E}\end{array}\right\} \quad (6.4)$$

さて,電気光学結晶など誘電率がテンソルで与えられる場合を仮定すると

$$\vec{D} = \begin{bmatrix}\varepsilon_{11} & \varepsilon_{11} & \varepsilon_{13} \\ \varepsilon_{21} & \varepsilon_{22} & \varepsilon_{23} \\ \varepsilon_{31} & \varepsilon_{32} & \varepsilon_{33}\end{bmatrix} \quad (6.5)$$

第6章 異方性媒質の中の光伝搬

ポインティングベクトル S

$$\vec{S} = \vec{E} \times \vec{H} \tag{6.6}$$

を加えて図示すると図 **6.1** となる．

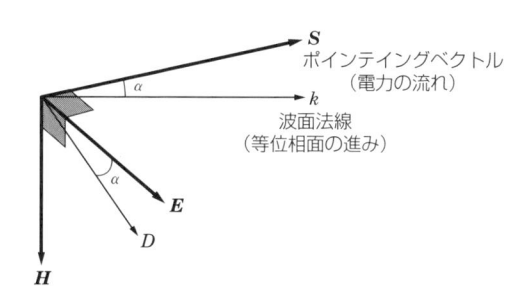

図 6.1 異方性媒質中の光波伝搬

電気的エネルギー密度 U_e は

$$2U_e = \vec{D}\vec{E} = \frac{D_x^{\ 2}}{\varepsilon_{xx}} + \frac{D_x^{\ 2}}{\varepsilon_{yy}} + \frac{D_x^{\ 2}}{\varepsilon_{zz}} + \frac{2D_y D_z}{\varepsilon_{yz}}$$
$$+ \frac{2D_z D_x}{\varepsilon_{zx}} + \frac{2D_x D_y}{\varepsilon_{xy}} \tag{6.7}$$

規格化電束密度成分を x, y, z と表すと，$\varepsilon_{ii} = n_i^2$ の対応で

$$\frac{x^2}{\varepsilon_{xx}} + \frac{y^2}{\varepsilon_{yy}} + \frac{z^2}{\varepsilon_{zz}} + \frac{2yz}{\varepsilon_{yz}} + \frac{2zx}{\varepsilon_{zx}} + \frac{2xy}{\varepsilon_{xy}} = 1 \tag{6.8}$$

となり，屈折率だ円体と呼ぶ．横波の波面法線方向は

$$\vec{k} \perp \vec{D} \qquad x \cdot k_x + y \cdot k_y + z \cdot k_z = 0 \tag{6.9}$$

で表現できる．具体的に LiNbO$_3$ を例に使い方を学ぶ．一軸結晶 LiNbO$_3$ の屈折率だ円体は

$$\frac{x^2}{n_o^2} + \frac{y^2}{n_o^2} + \frac{z^2}{n_e^2} = 1 \tag{6.10}$$

光波の波面法線 $\vec{k} = (1, 0, 0)$ とすれば,式(6.9)から $x \cdot k_x = 0$. 屈折率だ円体式(6.10)で $x = 0$ とおけば

$$\frac{y^2}{n_o^2} + \frac{z^2}{n_e^2} = 1 \tag{6.11}$$

波数ベクトルに垂直な平面での屈折率だ円体断面を表す.偏光 D_y は常光線であり,屈折率 n_o で伝搬し,偏光 D_z は異常光線であり,屈折率 n_e で伝搬する.

6.2 電気光学結晶
electro-optic crystals

電気光学結晶に変調電界を加えると屈折率だ円体が変形して複屈折が変調を受け,そこを伝搬する光波は変調電界に対応した情報を担うことになる.ポッケルス (Carl Pockels, 1865～1913) は屈折率だ円体の電界によるひずみを

$$\left(\frac{1}{\varepsilon_{xx}} + \Delta B_1\right)x^2 + \left(\frac{1}{\varepsilon_{yy}} + \Delta B_2\right)y^2 + \left(\frac{1}{\varepsilon_{zz}} + \Delta B_3\right)z^2$$
$$+ \left(\frac{1}{\varepsilon_{yz}} + \Delta B_4\right)2yz + \left(\frac{1}{\varepsilon_{zx}} + \Delta B_5\right)2zx + \left(\frac{1}{\varepsilon_{xy}} + \Delta B_6\right)2xy$$
$$= 1 \tag{6.12}$$

と表現して

$$\begin{bmatrix} \Delta B_1 \\ \Delta B_2 \\ \Delta B_3 \\ \Delta B_4 \\ \Delta B_5 \\ \Delta B_6 \end{bmatrix} = \begin{bmatrix} \gamma_{11} & \gamma_{21} & \gamma_{31} \\ \gamma_{12} & \gamma_{22} & \gamma_{32} \\ \gamma_{13} & \gamma_{23} & \gamma_{33} \\ \gamma_{14} & \gamma_{24} & \gamma_{34} \\ \gamma_{15} & \gamma_{25} & \gamma_{35} \\ \gamma_{16} & \gamma_{26} & \gamma_{36} \end{bmatrix} \begin{bmatrix} \overline{E}_x \\ \overline{E}_y \\ \overline{E}_z \end{bmatrix} \tag{6.13}$$

具体例として $LiNbO_3$ に z 軸に変調電界 $\overline{E}_z$ を加えて,光変調器を構成する.

第6章　異方性媒質の中の光伝搬

$$
\begin{bmatrix} \gamma_{11} & \gamma_{21} & \gamma_{31} \\ \gamma_{12} & \gamma_{22} & \gamma_{32} \\ \gamma_{13} & \gamma_{23} & \gamma_{33} \\ \gamma_{14} & \gamma_{24} & \gamma_{34} \\ \gamma_{15} & \gamma_{25} & \gamma_{35} \\ \gamma_{16} & \gamma_{26} & \gamma_{36} \end{bmatrix} = \begin{bmatrix} 0 & -\gamma_{22} & \gamma_{13} \\ 0 & \gamma_{22} & \gamma_{13} \\ 0 & 0 & \gamma_{33} \\ 0 & \gamma_{51} & 0 \\ \gamma_{51} & 0 & 0 \\ -\gamma_{22} & 0 & 0 \end{bmatrix} \tag{6.14}
$$

に従って，屈折率だ円体のひずみは

$$
\left(\frac{1}{n_o^2} + \gamma_{13} \overline{E}_z \right) x^2 + \left(\frac{1}{n_o^2} + \gamma_{13} \overline{E}_z \right) y^2 + \left(\frac{1}{n_e^2} + \gamma_{33} \overline{E}_z \right) z^2 = 1 \tag{6.15}
$$

となる．対角化して主軸を求め，効率的変調が可能な波面法線を決定する．ここではx軸を波面法線に選んで

$$
\frac{y^2}{\left(n_o - \frac{1}{2} n_o^3 \gamma_{13} \overline{E}_z \right)^2} + \frac{z^2}{\left(n_e - \frac{1}{2} n_e^3 \gamma_{33} \overline{E}_z \right)^2} = 1 \tag{6.16}
$$

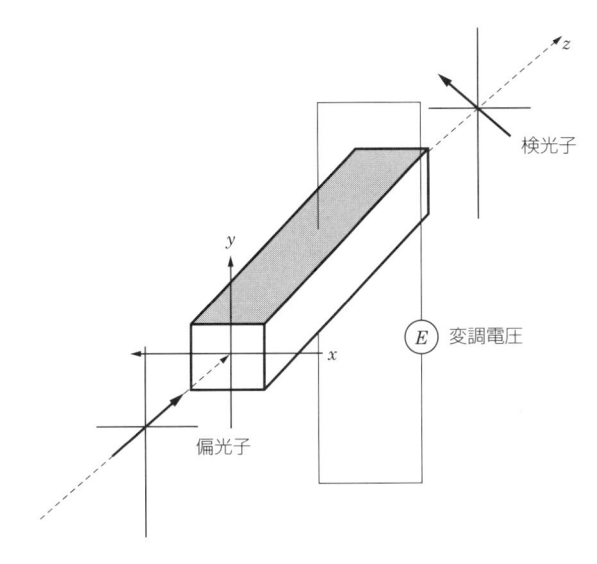

図 **6.2**　光変調器の構成

図**6.2**に示す構成の光強度変調器において，透過率Fは

$$F(\overline{E}_z) = \sin^2\phi \tag{6.17}$$

y軸，z軸偏波の間の位相推移差（リタデーション）は

$$\phi = \frac{1}{2}L\overline{E}_z\left(n_o^3\gamma_{13} - n_e^3\gamma_{33}\right) \tag{6.18}$$

直交した偏光子により，リタデーションを強度変調に変換できるし，偏向子を除いてz軸偏光を使えば位相変調器ができる．

第 7 章

伝送符号列
Transmission Line Codes

　光素子やサブシステムの評価は擬似ランダム符号列を用いて行う．これは素子などの応答による符号間干渉を評価するためである．ここでは，擬似ランダム符号列を自乗余弦波形や帯域が半減されるデュオバイナリー符号などの伝送路信号に変換する方法を示す．

　マイクロ波ネットワーク技術と比較すると光変調技術は単純である．それは，光波の超広帯域性がなせるわざであった．しかし，最近は光増幅器の帯域制限で通信容量が制限され，デュオバイナリー符号やSSB（単一側波帯）伝送などが試みられはじめている．

　すなわち，これからの光ネットワークの飛躍に，伝送符号列や新しい光変復調技術の可能性を調べるフェーズが必要である．そこでは新しい光ICを用いた光信号処理などが加味されるであろう．

7.1　M系列擬似ランダム符号発生
maximum length sequence generator

伝送効率を向上させることは光システム研究者が経済性などから常に要求することである．例えば波長多重伝送で光信号帯域幅を制限されたり，ハードウェア限界から帯域が不足したりするとき，符号間干渉あるいはパターン効果（レーザ直接変調などでのパターン依存変調特性）などを評価する必要がある．これはオール"1"の信号列で評価したのではだめで，擬似ランダム符号列に対する評価が不可欠になる．いろいろな擬似ランダム符号列があるが，伝送特性評価に標準的に使用される符号列はM系列（maximum length code）である．ガロア整数論から生成関数群が与えられているのでそれから選択すればよい．N次のM系列は連続"1"が$N-1$回現れるタイミングはユニークに定まっており，符号列の同期もとりやすく広く使われている．ここで，$N=7$のM系列として，生成多項式

$$H(x) = x^7 + x^3 + x^2 + x + 1 \tag{7.1}$$

を用いて図**7.1**の帰還付きシフトレジスタでM系列パターンを生成する．

帰還の位置は多項式の係数に対応して厳密に決まっている[*1]．

さて，M系列生成は排他的論理和（exclusive OR）回路を必要とするが，これは論理計算$\mathrm{mod}(n, 2)$と等価である．k番目のシフトレジスタの時点iでの値を$a_{k,i}$とすると，$\mathrm{mod}(n, 2)$を用いて階差列表現で簡単にM系列発生器を合成できる．伝送波形は必要な帯域幅が狭く，符号間干渉の少ない波形

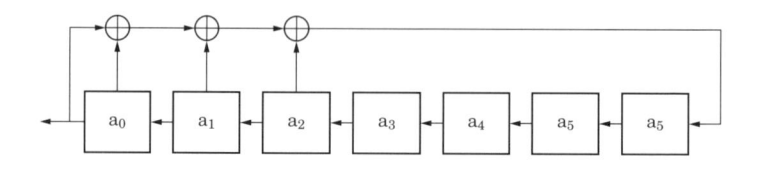

図**7.1**　7次M系列の生成

[*1]　符号に関しては次のテキストが明快である．
　　横山光雄："スペクトル拡散通信システム"，科学技術出版社 (1988)
　　柏木　潤："M系列の応用"，昭晃堂 (1996)

が必要である[*2].

　ガウス波形は実効時間幅と実効帯域幅の積が最小の波形である．しかし時間軸，周波数軸上無限に広がっているので符号間干渉が大きい．自乗余弦波形（raised cosine pulse）は，タイムスロット Ts の中でのみ0以外の値をもつ波形の中で最小の実効帯域幅をもつ波形である．

$$s(t) = \sqrt{\frac{2}{Ts}} \cos\left(\frac{\pi}{Ts}t\right), \quad |t| < \frac{Ts}{2} \tag{7.2}$$

　符号速度は Ts の逆数で定義される．先に生成したM系列を自乗余弦波形の伝送信号波形に変換して伝送路波形として用いる（図**7.2**）．

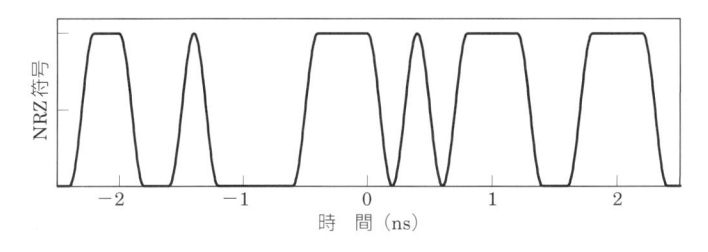

図**7.2**　自乗余弦波形

　ここで求めた自乗余弦波形を図示してみる．光信号の電界 E に対して記述しておくと，光変調器や非線形光学効果の取扱いに必要である．厳密には，光電力波の複素振幅であるが，光波インピーダンスが変わらないときには電力波として取り扱っても間違いはない．自乗余弦波形は光電力で見ると連続"1"が平らになりいろいろ制御に都合が良い．

　擬似ランダム符号列に対しての光システムを評価するのにアイ図形を用いる．アイ図形は2タイムスロットに擬似ランダム符号応答を重ね書きしたも

　[*2]　この最適な波形を求める議論は波形伝送論として宮川　洋先生がまとめられていて，とても明快である．この本は同軸ケーブルを軸としたPCM通信の基礎技術を展開しており，光通信システムが構築された技術の土台として勉強するには最適である．
　　　猪瀬　博，宮川　洋："PCM通信の進歩"，産報（1974）

のである．これより，帯域制限や遅延分散による符号間干渉をアイ劣化として評価する．第12章でPMDとアイ劣化を詳細な評価法で示す．伝送符号は符号間干渉の抑圧，同期の安定化，回路監視，情報源との整合，などを評価点として検討される．

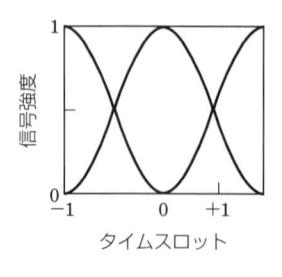

図 **7.3** アイ図形

7.2 デュオバイナリー伝送符号
duobinary transmission code

伝送帯域制限による符号間干渉の存在を利用して大量の情報を伝送する方法としてクレッマーによって提案されたパーシャルレスポンス方式が知られている．光領域での信号帯域幅削減に効果の大きなデュオバイナリー方式は魅力的である．デュオバイナリー符号の生成アルゴリズムは図**7.4**に示す．

デュオバイナリー符号は−1から1に偏移するときは必ず0の状態を経由することがわかる．次にこのデュオバイナリー符号からデュオバイナリー自乗

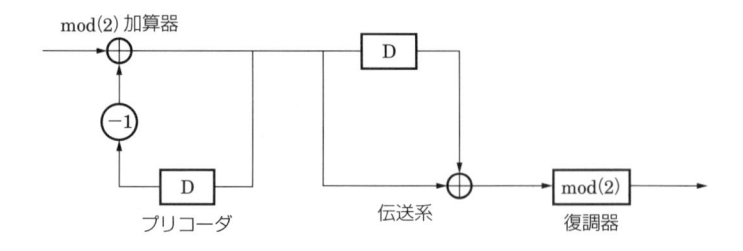

図 **7.4** デュオバイナリー符号生成アルゴリズム

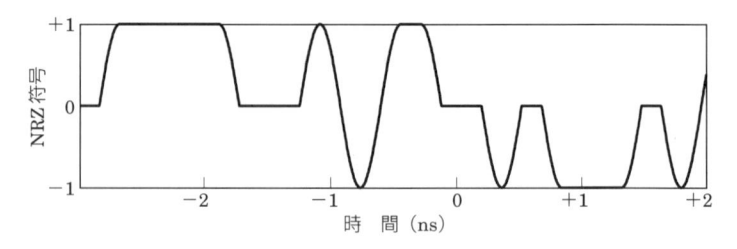

図 **7.5** デュオバイナリー自乗余弦符号

第7章 伝送符号列

余弦波形を生成する(図 **7.5**).

信号スペクトルはその帯域が広がると色分散や偏波依存分散などの分散のある系やバンドパスフィルタなどで波形劣化を起こす.信号スペクトルは伝送速度を増すことによっても広がるし,信号符号列によってもそのスペクトル広がりは異なる.図 **7.6** には,RZ 信号,NRZ 信号,デュオバイナリー信号のスペクトルを比較する.

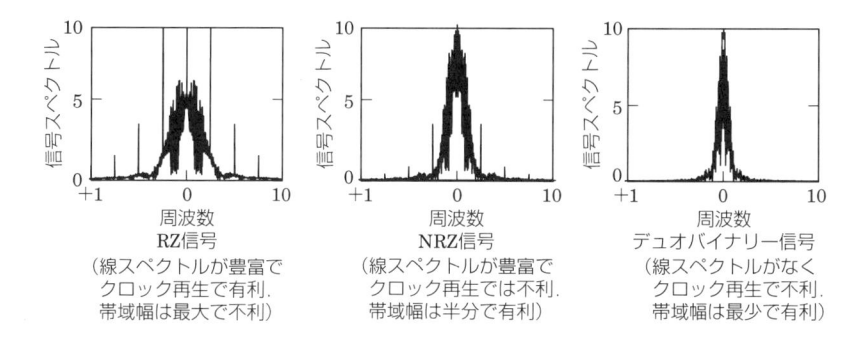

図 **7.6** 各種符号のスペクトル広がり比較

RZ信号
(線スペクトルが豊富で
クロック再生で有利.
帯域幅は最大で不利)

NRZ信号
(線スペクトルが豊富で
クロック再生では不利.
帯域幅は半分で有利)

デュオバイナリー信号
(線スペクトルがなく
クロック再生で不利.
帯域幅は最少で有利)

第 8 章

光ファイバ伝達関数表現と光パルスひずみ
Transfer Function Representation of Optical Fibers

　光ファイバの伝達関数表現を与え，群遅延時間の光周波数依存性（分散）により光パルスがひずむようすをアイ図形を生成して評価する．光カー効果と線形分散との結合した非線形光パルス伝搬解析を示す．

　この章の対象は，コンピュータの上の仮想ネットワーク解析として楽しいゲームである．大いなる遊びの心から，WDMネットワークの直面する非線形現象を回避できる変調方式や光ファイバ自体の構造の研究には未踏の部分が多い．ぜひ，コンピュータ上にこの章の議論を発展させて欲しい[*1]．

---

　*1　この書の姉妹本ともいえる"Mathcadによる光システムの基礎"，森北出版（1999）はこの目的に最適である．

8.1 光ファイバ伝達関数と光パルスひずみ
optical pulse distortion analysis

第1章で述べた電力波複素振幅表現(power wave expression)から,一様な長さLの伝送線路の伝達関数行列$T(\omega)$の偏波に依存しない項は伝達関数と等価になる.位相定数$\beta(\omega)$をキャリヤ光周波数ω_0の回りにテイラー展開(Taylor expansion)して光ファイバの位相推移を定める.

$$\Phi(\omega) = L \cdot \left\{ \beta_0 + \beta_1 \cdot \delta\omega + \frac{1}{2}\beta_2 \cdot \delta\omega^2 + \frac{1}{3!}\beta_3 \cdot \delta\omega^3 + \cdots \right\} \quad (8.1)$$

ここに,それぞれの次数が意味する事柄を表8.1にまとめた.

表 8.1

分散次数	意味する事柄
$\beta_0 L$	一定な位相推移(干渉を取り扱うときに考慮)
$\beta_1 L$	群遅延時間(一定の時間遅れで波形はひずまない)
$\beta_2 L$	2次分散(群遅延時間の周波数微分)波形をひずませる
$\beta_3 L$	3次分散(2次分散の周波数依存性)超高速波形ひずみを支配

Lはファイバの長さ

必要に応じて伝送損失を考慮したり,偏波モード分散を考慮して行列表現としてもよい.$\beta_1 L$遅延時間を与えるのみで波形劣化をもたらさない.したがって,全遅延時間が関与しないときには省略する.

地球規模の光ネットワークなどの遅延時間を量的に把握しておくことは重要である.大ざっぱな目安として5 μs/kmと記憶しておくとよい.太平洋横断を1万kmとすると,50 msかかる.静止衛星回線は約3.6万kmの高度とすれば240 msかかり,国際電話でも時間遅れが気になる.$\beta_2 L$以上の分散は信号スペクトル成分にこの群遅延時間を与えるので,時間波形が劣化する要因となる(図8.1).分散を議論するときの標準手法は伝達関数表現のテイラー展開を用いることが基本手法である.偏波モード分散を議論する例を第11章で示す.

ここで,偏波に依存しない光ファイバの伝達関数表現は

$$T(\omega) = \exp\{-j\Phi(\omega)\} \quad (8.2)$$

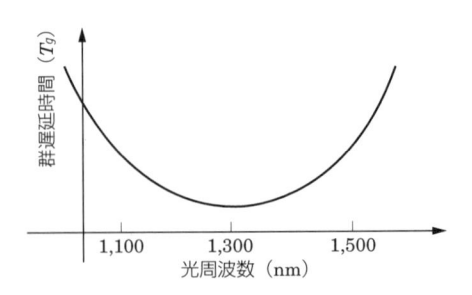

図 **8.1** 群遅延時間の波長依存性（分散）

である．光ファイバの光パルス伝送ひずみを求めるには，入力光信号のフーリエ変換 $a_{in}(\omega)$ に伝達関数 $T(\omega)$ を掛けて，出力光信号のフーリエ変換 $a_{out}(\omega)$ を得る．

$$a_{out}(\omega) = T(\omega) a_{in}(\omega) \tag{8.3}$$

このフーリエ逆変換で時間波形を表示できる．

ファイバの分散特性の係数は，ps/(nm・km)と奇妙な単位系で表現されており，変換に注意が必要である．数値解析上は，例えば ps/(GHz・km)や ps/(THz・km) = ps²/km が使いやすい．その変換は，通常分散ファイバの 1.5 μm 帯の 2 次分散 -20 nm/(nm・km)を例にすると，光速 $c = \lambda \cdot f$ から

$$-20(ps/(nm\cdot km)) \Leftrightarrow -20 \times \frac{\delta\lambda}{\delta f} = -20 \frac{-\lambda(nm)}{f(GHz)}$$

$$= -20 \times \frac{-1,500}{200,000} = 0.15(ps/(GHz\cdot km))$$

$$\Leftrightarrow -20 \times \frac{\delta\lambda}{\delta f} = -20 \frac{-\lambda(nm)}{f(THz)}$$

$$= -20 \times \frac{-1,500}{200} = 150(ps/(THz\cdot km))$$

$$= 150(ps^2/km) \tag{8.4}$$

とすることで十分であろう．

第8章　光ファイバ伝達関数表現と光パルスひずみ

非線形分極を含む波動方程式などへ発展的に考えるとき基本になる分散を含む方程式を検討しておく．

格子ソリトンを発見された戸田盛和先生の分散の導入は次のとおり．解を $u = ae^{j(\omega t - \beta z)}$ と仮定すると，これが解である条件（＝分散方程式）との対比は次のとおりになる．

$$c_0 \frac{\partial u}{\partial z} + \frac{\partial u}{\partial t} + \alpha \frac{\partial^3 u}{\partial z^3} = 0 \Leftrightarrow c = \frac{\omega}{\beta} = c_0 - \alpha\beta \tag{8.5}$$

速度が波数ベクトルに依存することが，機械系などの分散性媒質に対応する．

光領域では，媒質の誘電率，屈折率などの特性量が時間応答遅れをもつことが，速度の分散，すなわち，光周波数依存性を生じる．したがって，分散関係 (3.1) に対応する伝搬方程式は

$$\frac{\partial u}{\partial z} + \beta_1 \frac{\partial u}{\partial t} + \frac{1}{2j}\beta_2 \frac{\partial^2 u}{\partial t^2} - \frac{1}{3!}\beta_3 \frac{\partial^3 u}{\partial t^3} = 0$$
$$\Leftrightarrow \beta = \beta_1 \omega + \frac{1}{2}\beta_2 \omega^2 + \frac{1}{3!}\beta_3 \omega^3 \tag{8.6}$$

分散を含む伝搬方程式は複雑なので，フーリエ変換して周波数領域で伝達関数を掛ける取扱いが望ましい．

光波の伝わり方（第3章）で見たように，伝搬と位相補正の二つの要素を適切に繰り返すことで光波の伝わり方を正確に取り扱える．非線形光学効果のうち，光カー効果による自己位相変調を取り扱うには，実時間空間での位相シフトとして記述する．すなわち，屈折率を光カー効果係数 n_2 を用いて

$$n = n_0 + n_2 |E|^2 \tag{8.7}$$

とおく．区間 dz での位相シフトを付加して

$$a(z+dz) = a(z)\exp\left(-jk \cdot n_2 |a(z)|^2 dz\right) \tag{8.8}$$

と評価する．

これを split-step-Fourier transform method と呼ぶ．位相補正−周波数分散を交互に繰り返す．送信波形をFFTして，ファイバの伝達関数を掛けて，再び逆FFTで時間領域に戻せば群遅延分散による波形ひずみを評価できる．

ファイバ長 $L = 100$ km，10 Gb/sのパルス列は通常分散ファイバでかなり劣化することがわかる．図 **8.2**(a) は線形範囲での波形ひずみを示す．図 (b) は送信光電力 8 mW の場合でかなり非線形効果が現れていることがわかる[*2]．

(a) 送信光電力 1mW の場合

(b) 送信光電力 8mW の場合

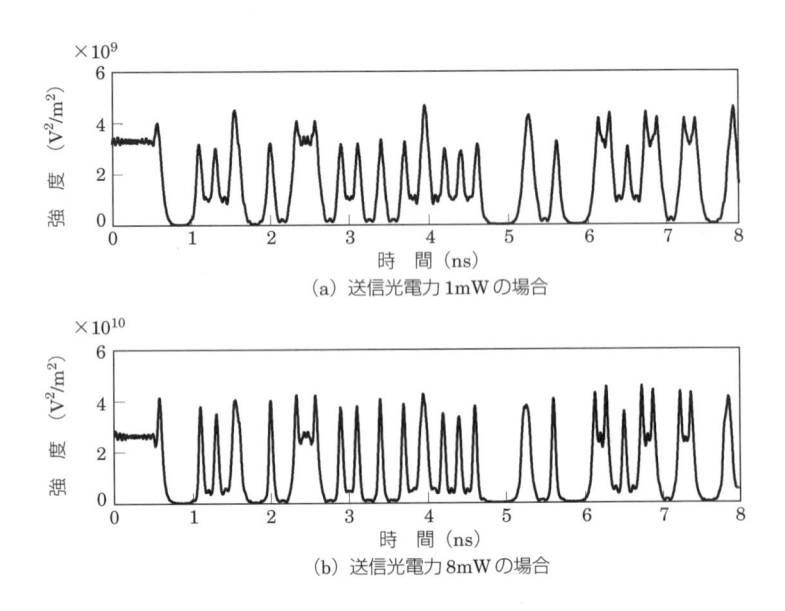

図 **8.2** 波長分散による波形ひずみと非線形効果

8.2 BPM非線形光パルス伝送解析
optical nonlinear pulse transmission analysis by beam propagation method

光ファイバは，光電力密度を光ファイバ増幅器で簡単に大きくでき，低損失であり相互作用長が長いことから，簡単に光非線形効果を観測したり利用

[*2] 数値計算ソフトにはいろいろあるが，数式表現に飛躍がなく一番多く電気電子技術者に利用されているものはMathsoft社のMathcadである．姉妹本の"光システムの基礎"，森北出版（1999）が参考書としてある．

できる．split-step-Fourier transform methodと同じ考え方であるが，より数学的に洗練された取扱いがBPM非線形光パルス伝送解析法である．

ソリトン光伝送方式は課題が多いが，これからの光伝送方式は非線形を考慮した設計にならざるを得ない[*3]．

ここでは簡単な概念を示す．非線形分極を含む波動方程式は

$$\left. \begin{array}{l} \nabla^2 E = \mu_0 \dfrac{\partial^2 D}{\partial t^2} \\ D = \varepsilon E + P_{NL} \end{array} \right\} \quad (8.9)$$

と与えられる．非線形分極を光カー効果，式(8.7)で表現すると

$$P_{NL} = 2\varepsilon_0 n_2 |E|^2 E$$

となる．これを用いて式(8.9)の波動方程式は

$$\frac{\partial^2 E}{\partial z^2} - \varepsilon\mu \frac{\partial^2 E}{\partial t^2} = 2\varepsilon_0 \mu_0 n_2 \frac{\partial^2}{\partial t^2}\left(|E|^2 E\right) \quad (8.10)$$

ここで，$E(z, t) = A(z, t) e^{j(\omega t - \beta z)}$とおいて，複素振幅は時間空間共に$\omega$，$\beta$に比較して十分ゆっくりした変化を仮定すると

$$-j2\beta \frac{\partial A}{\partial z} - j2\omega \frac{\partial A}{\partial t} + (\varepsilon\mu\omega^2 - \beta^2) A$$
$$= 2n_2 \varepsilon_0 \mu_0 \omega^2 |A|^2 A \quad (8.11)$$

$\varepsilon\mu\omega^2 = \beta^2$として

$$\frac{\partial A}{\partial z} + \frac{\omega}{\beta}\frac{\partial A}{\partial t} = \frac{jn_2 \beta |A|^2 A}{n_0^3} \quad (8.12)$$

式(8.5)のテイラー展開を用いて

[*3] 推薦するテキストは，岡本勝就："光導波路の基礎"，コロナ社 (1992)．

$$\frac{\partial A}{\partial z} + \left(\beta_1 - \frac{1}{2!}\beta_2\omega - \frac{1}{3!}\beta_3\omega^2 \cdots\right)\frac{\partial A}{\partial t} = \frac{jn_2\beta|A|^2 A}{n_0^3}$$

$$\Leftrightarrow \frac{\partial A}{\partial z} + \beta_1\frac{\partial A}{\partial t} + \frac{j}{2!}\beta_2\frac{\partial^2 A}{\partial t^2} - \frac{1}{3!}\beta_3\frac{\partial^3 A}{\partial t^2} = \frac{jn_2\beta|A|^2 A}{n_0^3} \tag{8.13}$$

これを光パルスと共に移動する座標系に変換すると

$$\beta_1\frac{\partial A}{\partial u} + \frac{j}{2}\beta_2\frac{\partial^2 A}{\partial t^2} = \frac{jn_2\beta|A|^2 A}{n_0^3} \tag{8.14}$$

非線形シュレーディンガー方程式と相似になる.

　ビーム伝搬法は, 線形分散性空間をフーリエ変換による伝達関数で伝搬し, 微小区間ごとに非線形効果を実時間領域で位相推移の修正をし, これを繰り返して非線形効果を含む光パルス伝搬を解析する. ファイバなど小さな屈折率差で導波される波は平面波の重ね合わせでよく解析できることが基本である. 自由空間における光の伝搬を示す光をルンゲ・クッタ法と合わせて, このとおりに演算を構成すると, 自己位相変調による光パルス伝送の解析ができる.

　この非線形BPM部をMathcadの関数で表現すると次のようになる.

自己位相変調非線形項： $\mathrm{sf}(x, \lambda, n2) := x \cdot \left(\dfrac{-i \cdot 2 \cdot \pi \cdot n2}{2 \cdot \lambda \cdot 10^{-9}} \cdot |x^2| \right)$

NL_bpm (e, H, λ, n2, L, Step) :=

$\left| \begin{array}{l} \mathrm{maxn} \leftarrow \mathrm{rows}(e) \\ \mathrm{dL} \leftarrow \dfrac{L}{\mathrm{Step}} \\ \mathrm{dH} \leftarrow H\left(\dfrac{\mathrm{dL}}{2}\right) \quad\quad\quad\quad\quad\quad\quad\quad 区間設定 \\ \mathrm{ddL} \leftarrow \mathrm{dL} \cdot 10^3 \\ \text{for } s \in 0.. \mathrm{Step}-1 \\ \left| \begin{array}{l} E \leftarrow \mathrm{CFFT}(e) \\ \text{for } j \in 0.. \mathrm{maxn}-1 \quad\quad\quad 伝達関数による \\ \quad E_j \leftarrow \mathrm{dH}_j \cdot E_j \quad\quad\quad\quad 分散性の組込み \\ e \leftarrow \mathrm{ICFFT}(E) \\ \text{for } j \in 0.. \mathrm{maxn}-1 \\ \left| \begin{array}{l} k1 \leftarrow \mathrm{sf}(e_j, \lambda_j, n2) \cdot \mathrm{ddL} \\ k2 \leftarrow \mathrm{sf}\left(e_j + \dfrac{k1}{2}, \lambda_j, n2\right) \cdot \mathrm{ddL} \\ k3 \leftarrow \mathrm{sf}\left(e_j + \dfrac{k2}{2}, \lambda_j, n2\right) \cdot \mathrm{ddL} \quad\quad ルンゲ・クッタ法による \\ k4 \leftarrow \mathrm{sf}(e_j + k3, \lambda_j, n2) \cdot \mathrm{ddL} \quad\quad 非線形位相シフト評価 \\ ee_j \leftarrow e_j \dfrac{k1 + 2 \cdot k2 + 2 \cdot k3 + k4}{6} \\ e_j \leftarrow e_j \exp\left[-i \cdot \dfrac{\mathrm{ddL}}{2} \cdot \dfrac{2 \cdot \pi \cdot n2}{\lambda_j \cdot 10^{-9}} \cdot \left[|(e_j)^2| + |(ee_j)^2|\right]\right] \end{array} \right. \\ E \leftarrow \mathrm{CFFT}(e) \\ \text{for } j \in 0.. \mathrm{maxn}-1 \quad\quad\quad 伝達関数による \\ \quad E_j \leftarrow \mathrm{dH}_j \cdot E_j \quad\quad\quad\quad 分散性の組込み \\ e \leftarrow \mathrm{ICFFT}(E) \\ \text{for } j \in 0.. \mathrm{maxn}-1 \\ \quad \mathrm{out}_{j,s} \leftarrow e_j \end{array} \right. \\ \mathrm{out} \end{array} \right.$

8.3 光ソリトン
optical soliton

ソリトンは線形分散によるパルス幅の広がりと，光カー効果によるチャーピングの線形分散を介してのパルス幅狭まりの平衡した特定の条件での固有状態の伝搬である．光パルスに固定した座標系での非線形シュレーディンガー方程式は

$$j\frac{\partial \phi}{\partial z} = -\frac{1}{2}\beta_2 \frac{\partial^2 \phi}{\partial t^2} - \frac{1}{2}kn_2 |\phi|^2 \phi \tag{8.15}$$

で与えられ，その解は1次ソリトン解が

$$\phi(z,t) = \phi_p \exp\left(j\frac{\beta_2}{2t_0}z\right)\mathrm{sech}\left(\frac{t}{t_0}\right) \tag{8.16}$$

ただし

$$\phi_p = \sqrt{\frac{-2\beta_2}{t_0^2 kn_2}} \tag{8.17}$$

光強度全半値幅を τ_0 とするとき

$$t_0 = \frac{\tau_0}{2\cosh^{-1}\sqrt{2}} \tag{8.18}$$

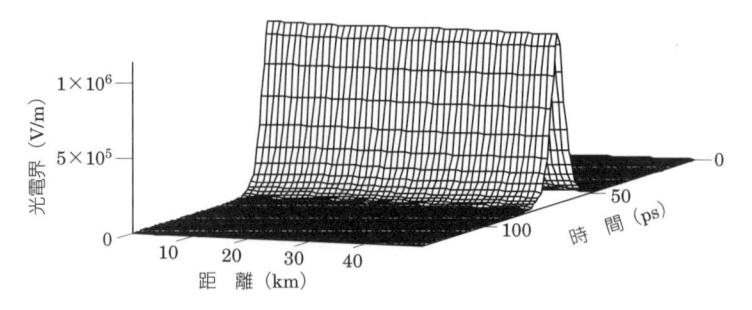

図 **8.3** ソリトンの伝搬

である*4. ソリトンの数値解析はBPMにソリトン初期条件を入れればよい. このとき伝送路はmks単位系で表現するのが単純でよい. BPMの単位区間長は500 mとし, 100区間計算している. また, ソリトンパルス波形の伝搬を三次元表示で示すと50 psパルスが50 kmの伝搬で波形を保っていることがわかる.

---

*4 光ソリトンの標準的な議論は,
G. P. Agrawal: "Nonlinear Fiber Optics", Academic Press, San Diego (1989)
非線形方程式論は,
戸田盛和:"波動と非線形問題30講", 朝倉書店 (1995)
が明快で逆散乱法などわかりやすい.

第 9 章

伝送フィルタ
Transmission Network Filters

　電気通信における電気回路論は伝送システムの中核であった．光システムにおいてもシステムの高度化に従って光回路論は重要な役割を担うことになる．はじめに電気回路フィルタを簡単に見直し，光フィルタのうち古典的な誘電帯多層膜フィルタが光ファイバグレーティングフィルタと全く同じ機能動作と構造をもつことを示す．これらの多様なフィルタが光通信システムのなかで適材適所，選択使用されている[*1]．

　この章では電気回路フィルタの現代合成法として係数比較法を示す．その流れの中に F 行列が集中定数回路計算に有効に利用されることが示される．この低周波数領域での記述法が光領域でどう生かせるのか．そんな次元の問題意識は最も標準的発想法であり，これまで多くの成果を上げている．また，今後も新発想の宝庫であり続けると思われる．

[*1] 推薦する参考書は，F. R. コナー 著，三谷政昭 訳："フィルタ回路入門"，森北出版 (1990)，辻井重男 著，電子情報通信学会 編："伝送回路"，コロナ社 (1990) がコンパクトでよい．

9.1 関数近似フィルタ
approximation of ideal filter rational functions

　関数近似フィルタの設計法は光フィルタ設計過程の中でも原形フィルタとして大切である．ここでは現代的な係数比較法を用いてバタワースフィルタとベッセル・トムソンフィルタを例にまとめる．

　関数近似フィルタの基本発想は，伝達関数$F(\omega)$を

$$|F(\omega)|^2 = \frac{1}{1+R(\omega)^2} \tag{9.1}$$

と書くとすると，理想フィルタを近似するためには，$R(\omega)^2$を帯域内では0に，帯域外では無限大に近似することである．振幅最平たんフィルタ特性は

$$|F(\omega)|^2 = \frac{1}{1+R(\omega)^2} = \frac{1}{1+\omega^{2n}} \tag{9.2}$$

とこれを近似するわけである．ここで，nはフィルタの次数である．この形から分母多項式を一意に決定するには，極（分母の零点）を求めればよい．複素周波数を$s = j\omega$とおいて

$$1 + \left(\frac{s}{j}\right)^{2n} = 0$$

を解くことによって得られる．解z_mは

$$z_m = e^{j\pi(2m+n-1)/(2n)} \qquad (m=1,2,3,...,2n) \tag{9.3}$$

の形で与えられる．

　極の半分は，その実数部が正となり，回路の安定条件に合わないので除く．こうして有理関数形が定まる．4次振幅最平たんフィルタ（$n=4$）の伝達関数は

$$F(\omega) = \prod_{m=1}^{4} \frac{1}{(s-z_m)} = \frac{1}{s^4 + 2.613s^3 + 3.414s^2 + 2.613s + 1} \tag{9.4}$$

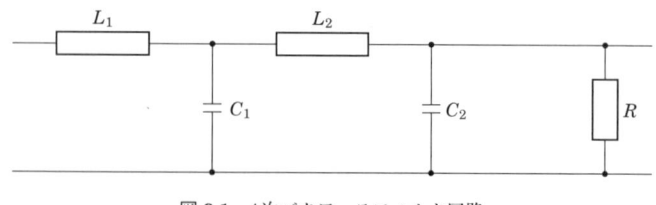

図 **9.1** 4次バタワースフィルタ回路

図**9.1**の格子回路で実現するので，その伝達関数$H(s)$をF行列を用いて求める．

$$[F] = \begin{bmatrix} 1 & sL_1 \\ 0 & 1 \end{bmatrix} \begin{bmatrix} 1 & 0 \\ sC_1 & 1 \end{bmatrix} \begin{bmatrix} 1 & sL_2 \\ 0 & 1 \end{bmatrix} \begin{bmatrix} 1 & 0 \\ sC_2 & 1 \end{bmatrix} \begin{bmatrix} 1 & 0 \\ 1/R & 1 \end{bmatrix}$$

$$H(s) = \frac{1}{F_{11}(s)}$$

$$= \frac{1}{C_1 C_2 L_1 L_2 s^4 + (C_1 L_1 L_2 / R) s^3 + (C_1 L_1 + C_1 L_2 + C_2 L_2) s^2 + (L_1 + L_2) R \cdot s + 1}$$

負荷抵抗$R = 1$として，係数を比較すると

$$\begin{cases} C_1 C_2 L_1 L_2 = 1 \\ C_2 L_1 L_2 = 2.613 \\ C_1 L_1 + C_1 L_2 + C_2 L_2 = 3.414 \\ L_1 + L_2 = 2.613 \end{cases} \quad \text{から} \quad \begin{array}{l} C_1 = 0.383 \\ C_2 = 1.576 \\ L_1 = 1.082 \\ L_2 = 1.531 \end{array}$$

と格子回路素子値が決定できる．ここでは簡単のために，光キャリヤ周波数を0にシフトした感覚で負の周波数まで拡張して取り扱う．このときのバタワースフィルタの周波数特性を図**9.2**に示す．

高速光パルス受信には遅延最平たんフィルタとして知られる喜安・ベッセル・トムソンフィルタが用いられる．効率的な地球規模通信インフラストラクチャにおける相互接続を実現すべく，ITUによって標準化されているディジタル同期方式SDHにおいても，光受信器に使用する電気フィルタはベッセル・トムソンフィルタと規定された．

第9章 伝送フィルタ

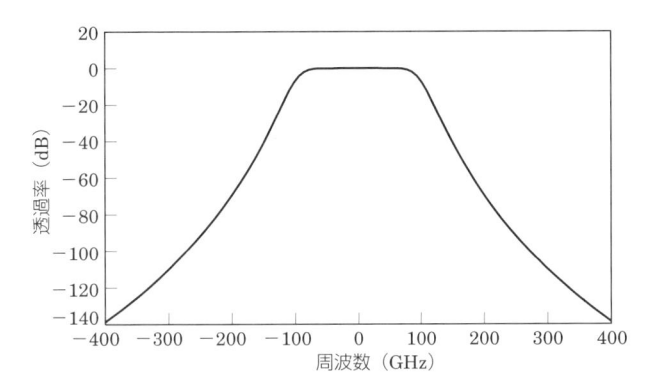

図 **9.2** 振幅最平たんフィルタ (4次)

　光フィルタの設計においても，原形フィルタとして重要なので具体的に示す．

　SDH (同期ディジタルハイアラーキ) では5次のベッセル・トムソンフィルタを標準にしているので，5次で特性を評価する．その特性を図**9.3**に示した．

　次に，入力方形光パルスのフィルタ通過前後のパルス波形において，それぞれのフィルタ特性で比較を行う．バタワースフィルタのパルス応答を図

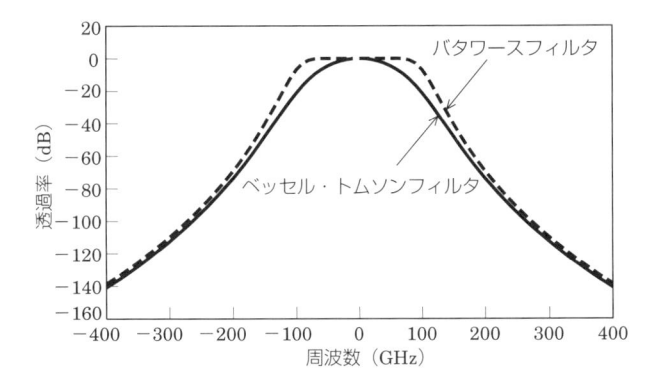

図 **9.3** 喜安・ベッセル・トムソンフィルタ特性

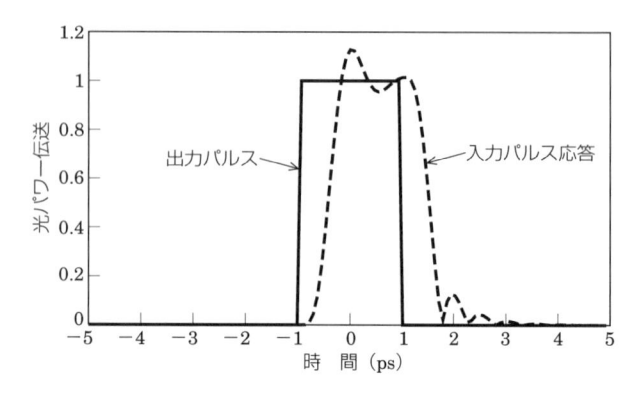

図 **9.4** 振幅最平たんフィルタのパルス応答

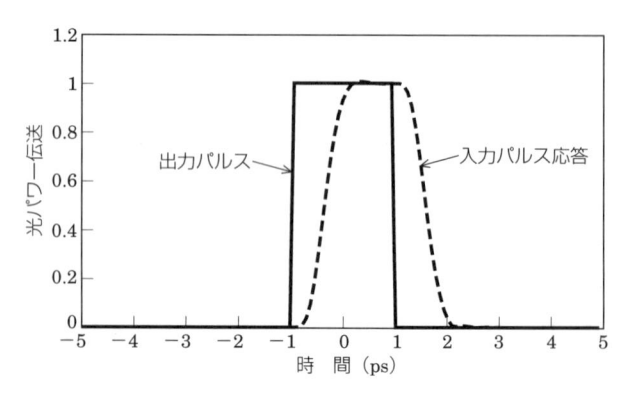

図 **9.5** 喜安・ベッセル・トムソンフィルタのパルス応答

9.4, ベッセル・トムソンフィルタのパルス応答を図 **9.5** に示した．

バタワースフィルタの特性は，パルス境界付近でひずみが生じるため，位相分散が問題にならない音声多重分離フィルタとして用いられ，パルス伝送には適さないということが見て取れる．また，ベッセル・トムソンフィルタ特性は，バタワースフィルタの場合よりもオーバシュートもなく，パルス波形ひずみも少ないことがわかる．

次に位相特性をそれぞれのフィルタに対して調べる．それぞれのフィルタの伝達関数から位相特性を求めると図 **9.6** のようになるが，これではバタワ

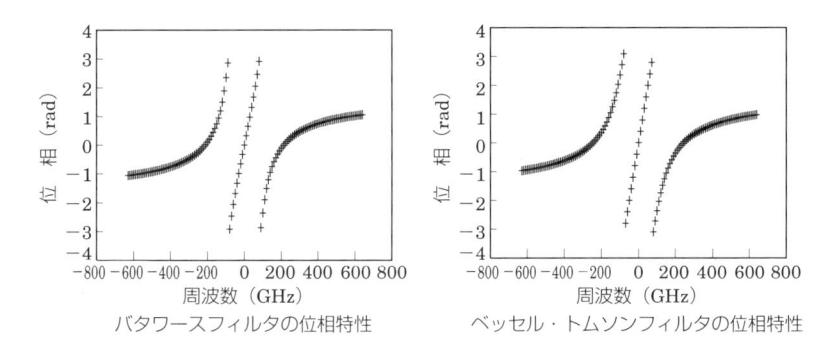

図 9.6 位相特性の比較(位相特性では違いがわかりにくい)

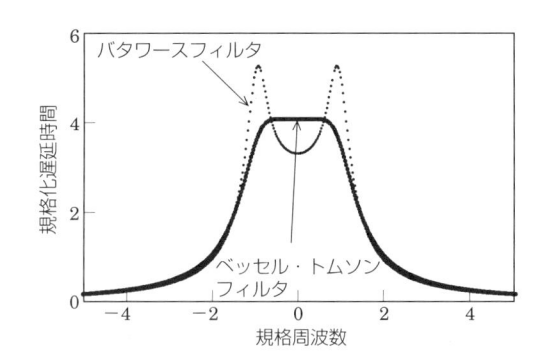

図 9.7 バタワースフィルタとベッセル・トムソンフィルタの群遅延特性
(ベッセル・トムソンフィルタは遅延時間特性が平たんであるので
パルスがひずまない)

ースフィルタとベッセル・トムソンフィルタの特性の差がよくわからないので群遅延時間を求めてみる．それぞれのフィルタの群遅延時間分散特性を図 9.7 に示す．

バタワースフィルタのほうが群遅延時間分散が大きいことが見て取れる．これにより，パルスひずみはバタワースフィルタのほうが大きかったことが説明できる．

9.2 誘電体多層膜フィルタ
multilayer dielectric film filters

誘電体多層膜フィルタは，高い反射率を必要としたガスレーザの共振器を構成するのに用いられ，高品質化が求められた．湿度などの影響を受けにくく安定で高信頼度な狭帯域特性を要求されるようになったのは，1984年，ニューメディア計画の光加入者システムに波長多重方式が提案されてからである．誘電体蒸着膜の高密度化がなされ，膜厚制御の精度も格段に改善されている．この誘電体多層膜フィルタの設計法は古典光学の長い歴史の中で育まれてきた．ここでは，合成法でなく解析法としてT行列，S行列を用いる方法を示す*2．

図**9.8**に示すような構成の広帯域フィルタはレーザ反射ミラーなどに使われる．高屈折率ZnSと低屈折率MgF_2の1/4波長膜をM層繰り返した構造の波長特性を計算する．

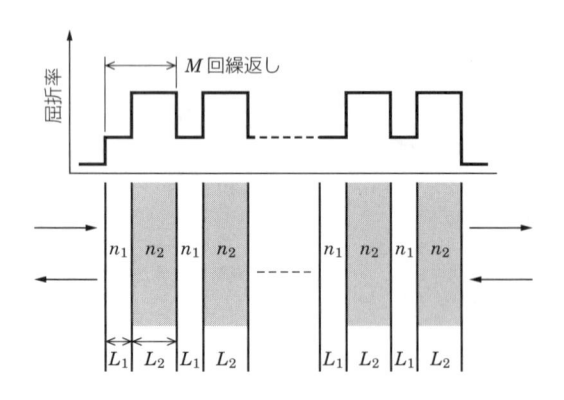

図 **9.8** 誘電体多層膜フィルタの屈折率分布

屈折率n_1，n_2，膜厚L_1，L_2の各層の伝搬に対応する位相推移を表すためのT行列T_1，T_2は次のようになる．

---

*2 特にこの方法が簡便で紛れの少ない良い方法であることは，Born-Wolf: "Principles of Optics", p. 61, Pergamon Press (1964) と比較すると明らかである．

第9章 伝送フィルタ

$$T_1 = \begin{bmatrix} e^{-jn_1L_1\omega/C} & 0 \\ 0 & e^{+jn_1L_1\omega/C} \end{bmatrix} \\ T_2 = \begin{bmatrix} e^{-jn_2L_2\omega/C} & 0 \\ 0 & e^{+jn_2L_2\omega/C} \end{bmatrix} \Bigg\} \quad (9.5)$$

第1章の式(1.23)より，界面n_1からn_2，界面n_2からn_1への光の伝搬を表すT行列D_{21}，D_{12}は

$$D_{21} = \frac{1}{2\sqrt{n_1 n_2}} \begin{bmatrix} n_1 + n_2 & n_2 - n_1 \\ n_2 - n_1 & n_1 + n_2 \end{bmatrix} \\ D_{12} = \frac{1}{2\sqrt{n_1 n_2}} \begin{bmatrix} n_1 + n_2 & n_1 - n_2 \\ n_1 - n_2 & n_1 + n_2 \end{bmatrix} \Bigg\} \quad (9.6)$$

となる．この四つの行列の積で表現される単位構造がM層繰り返されると，

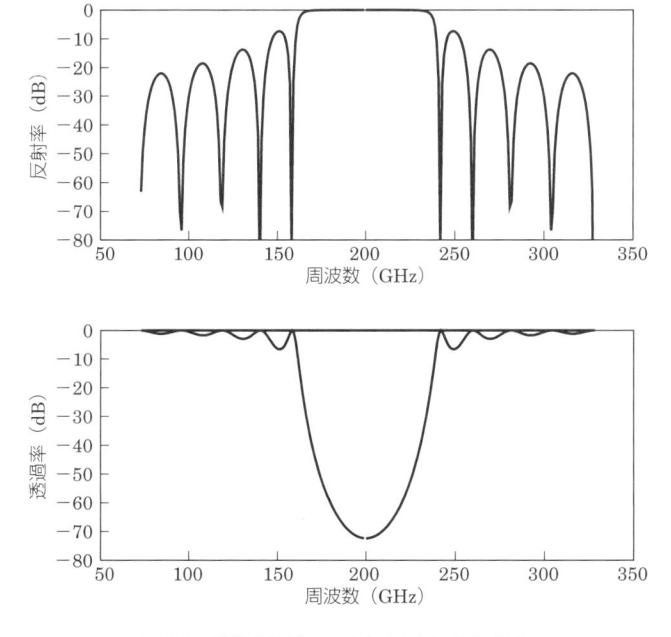

図 **9.9** 誘電多層膜フィルタの反射，透過特性

その全体のT行列は以下で与えられる．

$$T^M(\omega) = (D_{12} T_2 D_{21} T_1)^M \tag{9.7}$$

ここでは入射側の屈折率はn_1で出力側の屈折率はn_2である．T行列で計算しているので電力透過率の計算でも屈折率による電力計算補正は自動的になされている．誘電体多層膜フィルタの反射，透過特性を図**9.9**に示す．

このT行列，S行列を用いる方法は，光ファイバグレーティングの屈折率分布を階段近似することで高精度で特性を評価できる．エルビュウムファイバ増幅器の利得等化フィルタの解析に最適である．

第 10 章

光回路合成法
Optical Circuit Synthesis

　光システムにおいて光回路合成法はPLCや半導体PICの技術発展と高度な波長多重ネットワークの構築ニーズに伴い関心が高まっている．機能実現構造の着想をBPMで解析設計する手法と，ここで示すような汎用的光回路構造の特性に関する解析，ないしは要求仕様の数式表現により設計する手法とに大別される．この章では光ラティス回路（格子状光回路）での合成法について解説する．

　通信ネットワークの高度化が，機能回路設計法と製造技術に大きく依存していることは，DSP（ディジタル信号処理プロセッサ）を例に考えると明らかである．光回路合成法はファイバ回折格子フィルタ設計法など学会でにぎやかな話題であるが，光回路論の広がりは，電気のそれより今後とも，大きくなる．究極的には光ディジタル信号処理ICとして光ネットワークの高度化に寄与することになるべきである．この入口は小規模でまず十分なテラビット級OTDMネットワークでの光信号処理であろう．

10.1 多項式形光ラティス回路合成法
optical transversal filters

トランスバーサルフィルタは，遅延線路と分岐重み付け回路とを基本単位とする繰返し構造，及び和回路で構成されている（図 **10.1**）．そして，伝達関数のフーリエ級数展開の各項をおのおのの単位回路で実現し和をとる．

$$F(\omega) = \sum_{k=0}^{k=M-1} A_k \exp(-j\omega T s \cdot k) \tag{10.1}$$

光ラティス回路は同じような発想を図 **10.2** に示すような 2 ポート対縦続接続形光回路で実現する．

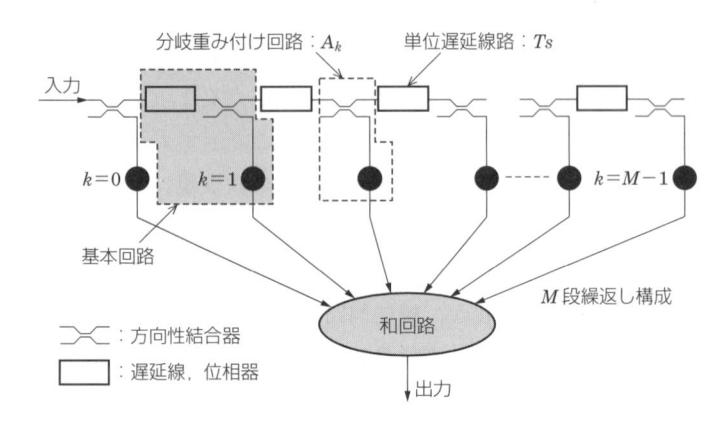

図 10.1 光トランスバーサルフィルタ

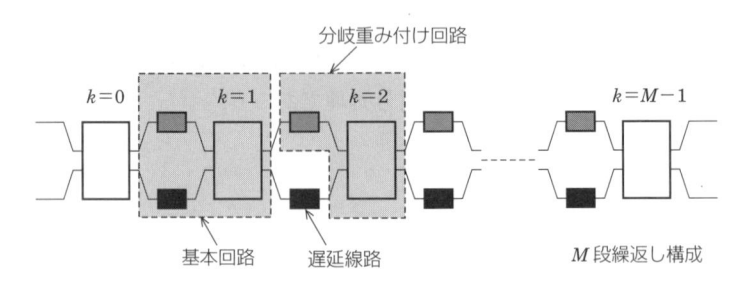

図 10.2 光ラティス回路の構造

第10章 光回路合成法

　光ラティス回路は，平面光集積回路（PLC: planer lightwave circuit）で広く使われる繰返しマッハツェンダ光回路構造と，パンダファイバ回転接続構造と呼ばれるものが代表例である．後者は偏波モード分散（PMD）のある光ファイバの等価光回路表現と，その解析手法として有用である．神宮寺の多項式次数低減を目的とした逆行列演算による等価回路素子値決定法は光領域固有の方法で楽しい[*1]．

　ここで取り扱うのは，基本回路がSU(2)対称群を前提にしたパンダ回転接続構造での合成であるので，神宮寺の手法と対比されるとよい．

　第1章で伝達関数行列がSU(2)の対称群に属し，オイラーの一般化回転で表現できることを示した．すなわち，縦位相推移ϕ，回転Θ，横位相推移ψが光回路の基本構成である．一般の光ラティス回路を

$$F = \begin{bmatrix} e^{-j\phi} & 0 \\ 0 & e^{+j\phi} \end{bmatrix} \begin{bmatrix} \cos\Theta & -\sin\Theta \\ \sin\Theta & \cos\Theta \end{bmatrix} \begin{bmatrix} e^{-j\psi} & 0 \\ 0 & e^{\psi} \end{bmatrix} \quad (10.2)$$

と書く．これを光周波数を含まない要素光回路として，

$$位相推移回路\ [\phi_i] \equiv \begin{bmatrix} e^{-j\phi_i/2} & 0 \\ 0 & e^{+j\phi_i/2} \end{bmatrix} \quad (10.3)$$

$$空間的回転\ (\Theta_i) \equiv \begin{bmatrix} \cos\Theta_i & -\sin\Theta_i \\ \sin\Theta_i & \cos\Theta_i \end{bmatrix} \quad (10.4)$$

と

$$遅延時間差回路\ [Ts] \equiv \begin{bmatrix} e^{-j\omega Ts/2} & 0 \\ 0 & e^{+j\omega Ts/2} \end{bmatrix} = \begin{bmatrix} z^{-1/2} & 0 \\ 0 & z^{+1/2} \end{bmatrix} \quad (10.5)$$

の多段構成で近似することを考えると，その全体の特性伝達関数行列は，式(10.6)で表される．

[*1] K. Jinguji and M. Kawachi: "Synthesis of coherent two-part lattice form optical delay-line circuit", J. Lightwave Technology, vol. 13, pp. 77-82（Jan. 1995）が良い参考となる．

$$[F] \equiv \{[\phi_{M+1}][Ts](\Theta_{M+1})[\phi_M][Ts](\Theta_M)\cdots$$
$$[\phi_1][Ts](\Theta_1)\}[\phi_0] \tag{10.6}$$

この形に対して，SU(2)の対称性を保持し，zの多項式近似をすることを試みる．

伝達関数行列は帰納法により

$$F_M = \begin{bmatrix} G_M & -H_M^* \\ H_M & G_M^* \end{bmatrix} \equiv \begin{bmatrix} z^{-1} \cdot \left(\sum_{m=0}^{M} A_m z^{-m} \right) z^{M/2} & -H_M^* \\ \left(\sum_{m=0}^{M} B_m z^{-m} \right) z^{M/2} & G_M^* \end{bmatrix} \tag{10.7}$$

と，zに関する多項式で表現できる．ここで，$z = \exp(j\omega Ts)$で，単位遅延線路での位相推移を表している．

また，多項式係数A_m，B_mはフーリエ級数展開係数として下式のように与えられる．

$$\left. \begin{aligned} A_m &= \frac{1}{N} \sum_j G_M(z_j) \cdot z_j \cdot z_j^{(m-M/2)} \\ B_m &= \frac{1}{N} \sum_j H_M(z_j) \cdot z_j^{(m-M/2)} \end{aligned} \right\} \tag{10.8}$$

目標とする伝達関数行列をF_Mとして，その要素G_M，H_Mを与え，これを式(10.6)の形に分解合成する．

基本は神宮寺と同じであるが，SU(2)の対称性を素直に展開しているので多項式係数の位相調整などの手続きは不要となる．

解法は式(10.6)における繰返し単位行列積の逆行列$(-\phi_{M+1})[-\Theta_{M+1}]$を式(10.7)の両辺に対して左側から掛けて，多項式の次数を下げるという条件のもと，回路素子値を実数Θ_{M+1}，ϕ_{M+1}として決定する．これを繰り返すことにより全構成回路素子値決定，合成が可能である．すなわち最終的にはF_Mを単位行列に還元するねらいで，逆行列を掛けた結果の21成分に対し，zの最高次数項の係数を0にする．

第10章 光回路合成法

$$(-\Theta_{M+1})[-\phi_{M+1}]F_M = \begin{bmatrix} \cos\Theta_{M+1}e^{+j\phi_{M+1}/2}z^{+1/2} & \sin\Theta_{M+1}e^{-j\phi_{M+1}/2}z^{-1/2} \\ -\sin\Theta_{M+1}e^{+j\phi_{M+1}/2}z^{+1/2} & \cos\Theta_{M+1}e^{-j\phi_{M+1}/2}z^{-1/2} \end{bmatrix}F_M$$

$$= \begin{bmatrix} \sum_{m=0}^{M}\left(z^{-1/2-m+M/2}\right)\left(A_m\cos\Theta_{M+1}e^{+j\phi_{M+1}/2} + B_m\sin\Theta_{M+1}e^{-j\phi_{M+1}/2}\right) - \begin{pmatrix} 21成分 \\ の共役 \end{pmatrix} \\ \sum_{m=0}^{M}\left(z^{-1/2-m+M/2}\right)\left(-A_m\cos\Theta_{M+1}e^{+j\phi_{M+1}/2} + B_m\sin\Theta_{M+1}e^{-j\phi_{M+1}/2}\right) \begin{pmatrix} 11成分 \\ の共役 \end{pmatrix} \end{bmatrix}$$

(10.9)

ここで，最終的に F を単位行列に還元するねらいで，この21成分の z の最高次数項の係数を0とする．

$$\left(z^{-1/2-M+M/2}\right)\left(-A_M\cos\Theta_{M+1}e^{+j\phi_{M+1}/2} + B_M\sin\Theta_{M+1}e^{-j\phi_{M+1}/2}\right)$$
$$= 0 \qquad (10.10)$$

したがって

$$\tan\Theta_{M+1} = \frac{B_M}{A_M}e^{-j\phi_{M+1}} \qquad (10.11)$$

ここで，Θ_{M+1}, ϕ_{M+1} を実数として決定するには

$$\left.\begin{aligned} \phi_{M+1} &= \arg\left(\frac{B_M}{A_M}\right) \\ \Theta_{M+1} &= \arctan\left(\frac{B_M}{A_M}e^{-j\phi_{M+1}}\right) \end{aligned}\right\} \qquad (10.12)$$

これで第1ステップが完了する．このとき

$$\left(z^{-1/2+M/2}\right)\left(-A_0\cos\Theta_{M+1}e^{+j\phi_{M+1}/2} + B_0\sin\Theta_{M+1}e^{-j\phi_{M+1}/2}\right)$$
$$= 0 \qquad (10.13)$$

であるので

$$(-\Theta_{M+1})[-\phi_{M+1}]F_M = F_{M-1}$$

$$= \begin{bmatrix} z^{-1}\cdot\left(\sum_{m=0}^{M-1}A_{m,\,M-1}z^{-m}\right)z^{(M-1)/2} & -H^*_{M-1} \\ \left(\sum_{m=0}^{M-1}B_{m,\,M-1}z^{-m}\right)z^{(M-1)/2} & G^*_{M-1} \end{bmatrix} \qquad (10.14)$$

ここに

$$\left.\begin{array}{l} A_{m,\,M-1} \equiv A_{m+1,M}\cos\Theta_{M+1}e^{+j\phi_{M+1}/2} + B_{m+1,M}\sin\Theta_{M+1}e^{-j\phi_{M+1}/2} \\ B_{m,\,M-1} \equiv A_{m+1,M}\sin\Theta_{M+1}e^{+j\phi_{M+1}/2} + B_{m+1,M}\cos\Theta_{M+1}e^{-j\phi_{M+1}/2} \end{array}\right\}$$

(10.15)

ただし

$$A_m \to A_{m,M} \qquad B_m \to B_{m,M} \tag{10.16}$$

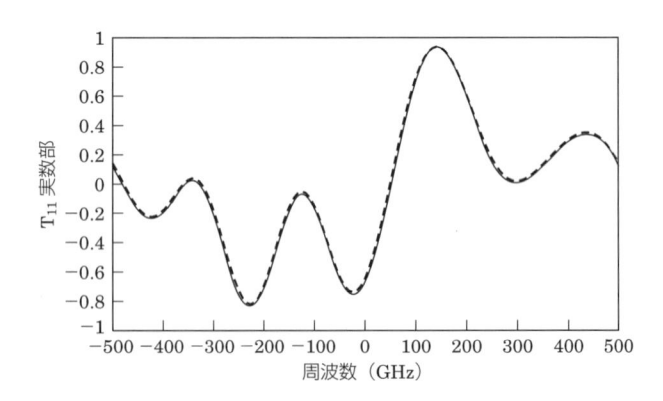

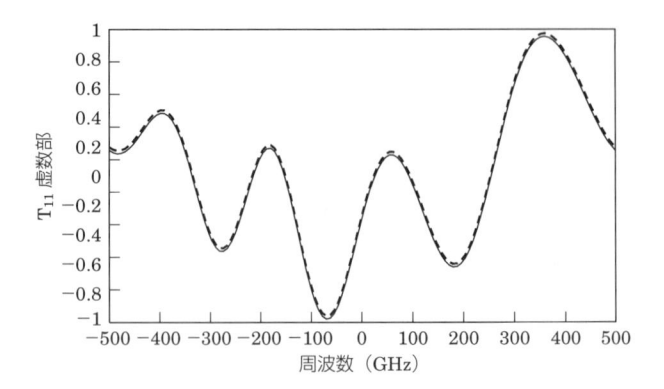

図 10.3 光ラティス回路合成の精度確認
（実線：合成前，破線：合成後，上：虚数部，下，実数部，完全に再現されているため，重なっている）

と表現を書き換えた．以下同様に進めて

$$
\left.\begin{aligned}
\phi_1 &= \arg\left(\frac{A_{0,0}}{B_{0,0}}\right) \\
\Theta_1 &= \arctan\left(\frac{A_{0,0}}{B_{0,0}} e^{-j\phi_1}\right) \\
\phi_0 &= -2\arg\left(A_{0,0} e^{-j\phi_1/2} \cos\Theta_1 + B_{0,0} e^{-j\phi_1/2} \sin\Theta_1\right)
\end{aligned}\right\} \quad (10.17)
$$

で合成が完了し，回路段数に相当するだけの素子値を算出できる．周期関数の周期と光回路の対称性に起因する角度の不確定性を許せば完全にF_Mの回路構造と特性を再現できる．図**10.3**はランダム発生した伝達関数行列に対して，以上のアルゴリズムを用い回路合成したときの合成前と，合成後の特性比較である．

　光回路や光ファイバの伝達関数行列を測定した結果を用いて，伝送波形ひずみを計算する場合にも，このラティス光回路合成法が便利である．

10.2 有理関数フィルタの光ラティス回路による合成
optical lattice circuit synthesis of rational function filters

　多項式で伝達関数が与えられるときの光ラティス回路による合成法を10.1節で紹介した．現在実用されている光回路はAWG-MUXなどを含め多項式形のフィルタ，言い換えればフーリエ級数展開形の遅延フィルタである．これは安定性（素子定数の製作誤差に対する特性劣化の緩慢さ）に優れる反面，急峻な特性の実現には素子段数を多く必要とする．他方，有理関数フィルタは極 (pole) の周波数，すなわち共振周波数を最適化することで，少ない段数で急峻な特性を得られることが電気回路では知られている．これをいかに光回路で実現するか長年研究されてきた．図**10.4**に現在提案されている有理関数形光フィルタの構成概念図を示す．

　図 (a) は，神宮寺らの提案によるマッハツェンダラティス回路にリング共振器を結合した任意の有理関数を合成できる方法である．図 (b) は，Madsenらによる結合リング共振器によるもので遅延等化器などの試作に使われている．これらはリング共振器を用いるために広帯域化が難しい．図 (c)

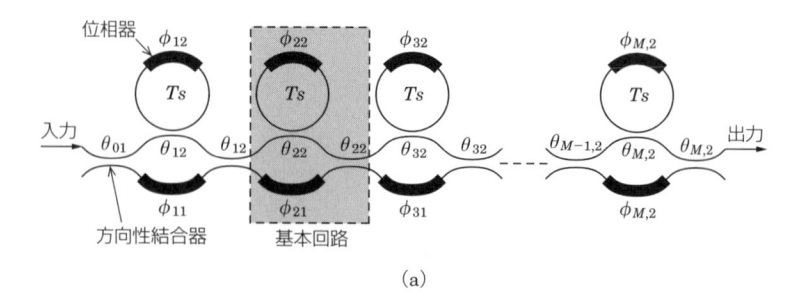

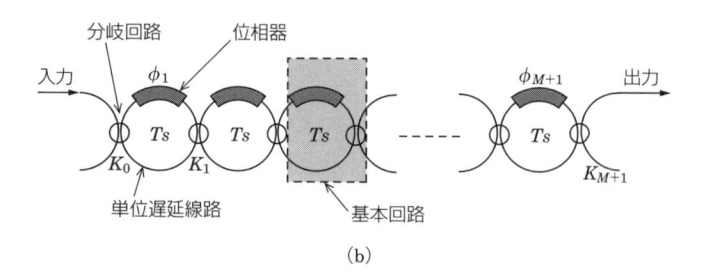

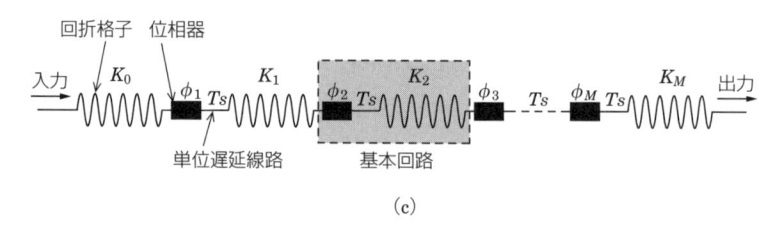

図 10.4 有理関数フィルタのラティス回路による合成
(a) リング共振器をマッハツェンダ干渉回路に組み合わせる神宮寺の方法，(b) 結合リング共振器のカスケード接続によるMadsenの方法，(c) 回折格子と遅延線を単位回路とする小関らの方法

は，この欠点を克服すべく考えられたもので，回折格子と遅延線を組み合わせたものである．以下，それぞれを簡単に説明しよう．

10.2.1 結合リング共振フィルタの合成法
optical filters using coupled resonant rings

結合リング共振器による方法は，T行列を用いてフィルタを合成する．この方法はT行列を使った良い演習問題である．図 10.4 (b) を参照すると結合

リング共振フィルタのT行列は

$$T_M(z) = \prod_{i=1}^{M} \begin{bmatrix} z^{-1} & 0 \\ 0 & z \end{bmatrix} \begin{bmatrix} e^{-\phi_i/2} & 0 \\ 0 & e^{+\phi_i/2} \end{bmatrix}$$

$$\times \begin{bmatrix} \dfrac{1}{-jK_i} & \dfrac{\sqrt{1-K_i^2}}{jK_i} \\ \dfrac{-\sqrt{1-K_i^2}}{jK_i} & \dfrac{1}{jK_i} \end{bmatrix} \quad (10.18)$$

と書ける．この表現は物理的直感をもちやすい散乱行列を求め，第1章のT行列への変換公式を使えば確実に得られる[*2]．散乱行列を求めるには，方向性結合器のモデル，図**10.5**から結合度を意識すれば，式(10.19)におけるS列として求めることができる．

$$\begin{bmatrix} b_1 \\ b_2 \end{bmatrix} = S \begin{bmatrix} a_1 \\ a_2 \end{bmatrix} = \begin{bmatrix} \sqrt{1-K^2} & jK \\ jK & \sqrt{1-K^2} \end{bmatrix} \begin{bmatrix} a_1 \\ a_2 \end{bmatrix} \quad (10.19)$$

式(10.13)を展開すると，帰納法で次の多項式表現が可能である．

$$T_M(z) = \begin{bmatrix} G_M & H_M^* \\ H_M & G_M^* \end{bmatrix} = \begin{bmatrix} \left(\displaystyle\sum_{k=0}^{M-1} a_k z^{-2k}\right) z^{M-2} & H_M^* \\ \left(\displaystyle\sum_{k=0}^{M-1} a_k z^{+2k}\right) z^{-(M-2)} & G_M^* \end{bmatrix} \quad (10.20)$$

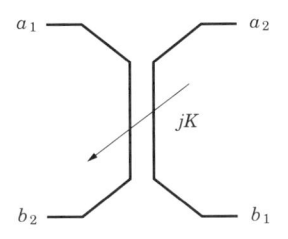

図 **10.5** 方向性結合器の散乱行列

[*2] C. K. Madsen and J. H. Zhao: "Optical Filter Design and Analysis", John-Wiley and Sons, Inc. (1999) と対比のこと．

目標とするフィルタ特性は散乱行列要素 S_{11}, S_{21} で与えられる．ここでも，散乱行列からの変換により，T 行列要素 G_M が定まり

$$|G_M|^2 - |H_M|^2 = 1 \tag{10.21}$$

から H_M の零点を求めて，$T_M(z)$ 全体が決定できる．このとき零点の選び方に 2^M 通りの自由度があり，位相特性の異なる光回路の合成が可能となる．

10.2.2 回折格子形ラティス回路の合成
synthesis of grating lattice filters

結合リング共振器では結合度とリング位相シフタを制御してフィルタ特性を実現するが，回折格子形ラティスフィルタでは，反射器の強度，位相を制御してフィルタ特性を実現する（図 **10.6**）．回折格子の特性を散乱行列に表現してから伝達行列（transfer matrix）へ変換する．基本特性は分布結合線路，第5章を参照し，相反性，ユニタリ性の条件を用いると

$$S(\omega) = \begin{bmatrix} \dfrac{-j\chi \sinh \alpha L}{\alpha \cosh \alpha L + j\varphi \sinh \alpha L} & \dfrac{\alpha e^{-j\frac{\pi L}{\Lambda}}}{\alpha \cosh \alpha L + j\varphi \sinh \alpha L} \\ \dfrac{\alpha e^{-j\frac{\pi L}{\Lambda}}}{\alpha \cosh \alpha L + j\varphi \sinh \alpha L} & \dfrac{-j\chi \sinh \alpha L \cdot e^{-j\frac{\pi L}{\Lambda}}}{\alpha \cosh \alpha L + j\varphi \sinh \alpha L} \end{bmatrix} \tag{10.22}$$

で，ここに

$$\text{位相定数不整合 } \varphi(\omega) = \beta - \frac{\pi}{\Lambda} \tag{10.23}$$

$$\text{結合位相 } \alpha(\omega) = \sqrt{\chi^2 - \varphi^2} \tag{10.24}$$

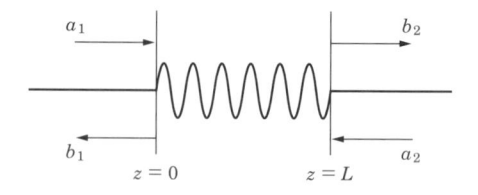

図 **10.6** 要素回折格子

第10章 光回路合成法

である．また，β は光波の伝搬定数，Λ は回折格子ピッチ，χ は結合定数である．これから T 行列に変換すると

$$T(\omega) = \begin{bmatrix} \dfrac{(\chi^2 \sinh^2 \alpha L - \varphi^2)e^{-j\frac{\pi L}{\Lambda}}}{\alpha(\alpha \cosh \alpha L + j\varphi \sinh \alpha L)} & \dfrac{-j\chi \sinh \alpha L e^{-j\frac{\pi L}{\Lambda}}}{\alpha} \\ \dfrac{+j\chi \sinh \alpha L e^{+j\frac{\pi L}{\Lambda}}}{\alpha} & \dfrac{(\alpha \cosh \alpha L + j\varphi \sinh \alpha L)e^{+j\frac{\pi L}{\Lambda}}}{\alpha} \end{bmatrix} \tag{10.25}$$

が得られる．結合リング共振フィルタと同じ取扱いで回路合成を考える．それには，ある種の集中定数化が必要である．要素回折格子の共振周波数，すなわち，ブラッグ周波数での T 行列を求めると $\varphi = 0$ より

$$T(\omega_B) = \begin{bmatrix} \cosh \chi L \cdot e^{-j\frac{\pi L}{\Lambda}} & -j \sinh \chi L \cdot e^{-j\frac{\pi L}{\Lambda}} \\ +j \sinh \chi L \cdot e^{+j\frac{\pi L}{\Lambda}} & \cosh \chi L \cdot e^{+j\frac{\pi L}{\Lambda}} \end{bmatrix} \tag{10.26}$$

要素回折格子の長さ L がブラッグ波長の整数倍のとき

$$T(\omega_B) = \begin{bmatrix} K & -j\sqrt{K^2 - 1} \\ +j\sqrt{K^2 - 1} & K \end{bmatrix} \tag{10.27}$$

が得られる．ここに

$$K = \cosh \chi L \tag{10.28}$$

である．

直列回折格子ラティスフィルタの構成を図 **10.7** に示す．

この T 行列表現は式(10.27)と，遅延線路及び位相シフタの伝達関数行列によれば

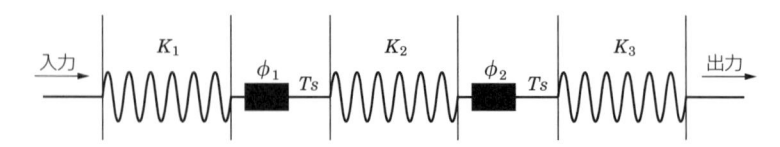

図 10.7 直列回折格子ラティスフィルタの構成

$$T_M = \left\{ \prod_{m=1}^{M} \begin{bmatrix} K_m & -j\sqrt{K_m^2-1} \\ +j\sqrt{K_m^2-1} & K_m \end{bmatrix} \begin{bmatrix} z^{-1}e^{-j\psi_m} & 0 \\ 0 & ze^{+j\psi_m} \end{bmatrix} \right\}$$

$$\times \begin{bmatrix} K_0 & -j\sqrt{K_0^2-1} \\ +j\sqrt{K_0^2-1} & K_0 \end{bmatrix} \quad (10.29)$$

となる．これは z の多項式表現が可能で

$$T_M = \begin{bmatrix} H_M(z) & F_M^*(z) \\ F_M(z) & H_M^*(z) \end{bmatrix} \quad (10.30)$$

と，書くと

$$H_M(z) = z^M \sum_{m=0}^{m=M} A_m z^{-2m} \quad (10.31)$$

$$F_M(z) = z^M \sum_{m=0}^{m=M} B_m z^{-2m} \quad (10.32)$$

である．フィルタ特性が一つの散乱行列要素で与えられるときは，結合リング共振フィルタと同じ取扱いで合成を行う．

また並列形回折格子ラティスフィルタは簡単な解析でフィルタ素子パラメータの決定が可能である．目標とするフィルタ特性が部分分数展開可能で

$$T(s) = \sum_{k=1}^{M} \frac{g_k}{s+p_k} \quad (10.33)$$

と与えられるとする．M は並列なブランチの数に相当し，また g_k, p_k はそれぞれ部分分数のゲインと極である．インパルス不変法で z 変換を求めると

$$F(z) = \sum_{k=1}^{M} \frac{g_k}{1-\exp(-p_k Ts)z^{-1}} \tag{10.34}$$

となる．また，ここで図10.8では$M=3$であるが，並列形回折格子ラティスフィルタの伝達関数は

$$H(z) = \sum_{k=1}^{M} \frac{A_k}{K_k{}^2 e^{+j\phi_k} z^{1/2} + \left(K_k{}^2-1\right) e^{-j\phi_k} z^{-1/2}} \tag{10.35}$$

となるので，係数比較で

$$\left. \begin{array}{l} \phi_k = \dfrac{1}{2}[\operatorname{Im}(p_k Ts) - \pi] \\[6pt] K_k = \dfrac{1}{\sqrt{1-|\exp(-p_k Ts)|}} \end{array} \right\} \tag{10.36}$$

とフィルタ定数を決定できる．

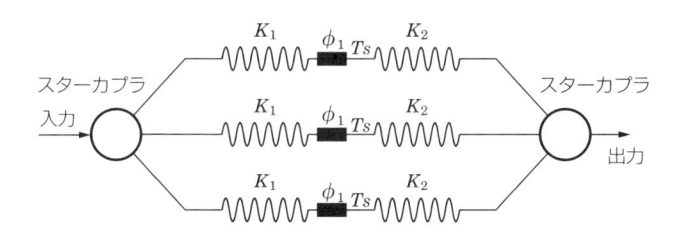

図 **10.8**　並列形回折格子ラティスフィルタ

図**10.9**に直列形回折格子ラティスフィルタによる3次チェビシェフ特性の合成例を示す．要素回折格子の共振波長から離れると，この素子特有の反射域波長特性形状が現れることが示されている．

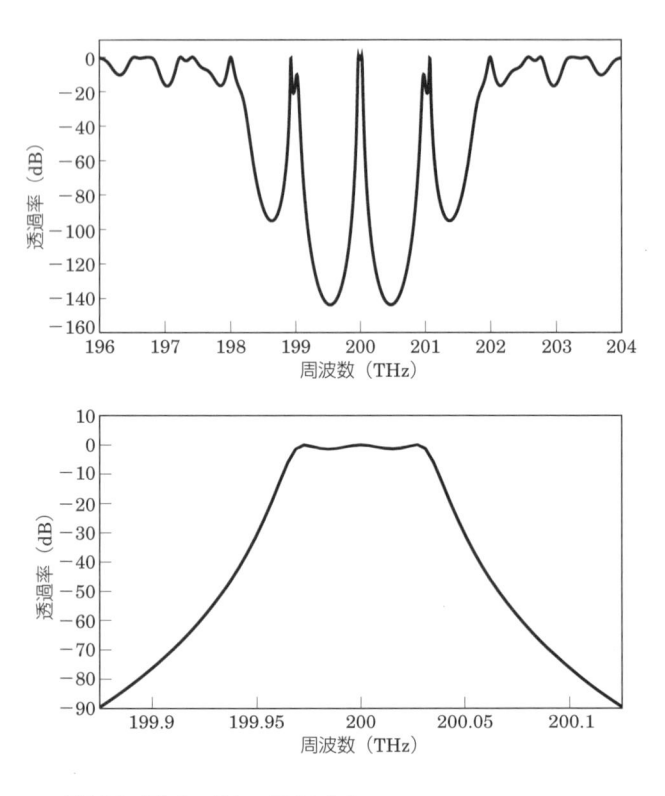

図 10.9 3次チェビシェフフィルタ
上図は 8 THz に及ぶ広い光周波数域の特性を，下図は 200 THz を中心周波数とする設計バンドの特性を示す

式(10.30)に対応する行列要素は次のように定めた．

$$G(z) = 225.0\,z^{-3} - 669.2\,z^{-1} + 669.2\,z - 225.0\,z^3$$
$$H(z) = 251.9\,z^{-3} - 692.7\,z^{-1} + 642.8\,z - 201.0\,z^3$$

以上のように，光フィルタ設計法は，従来の電気フィルタの設計法を一つの指導理念として研究されてきた．しかし，光フィルタおよび光回路は，アレー導波路回折格子フィルタ（AWG フィルタ）などでも理解されるように，極めて多様化している．その代表例はポート数の増大であり，偏波特性の考慮である．

コンピュータの利用により，解析手法(順問題)を効率的に活用して合成を行う方法が実用されている．しかし，将来の飛躍のために，光波工学らしい新しいスマートな合成法が必要であり，可能性がある．

第 11 章

偏波モード分散
Polarization Mode Dispersion of Optical Fibers

　偏波モード分散は1万kmに及ぶ地球規模ネットワークの伝送容量を支配する主要な因子になっている．偏波モード分散は外力やファイバコアの非対称性によりシングルモードファイバのモードの縮退がとれることで生じる．縮退がとけて直交する群速度が異なるモードがランダムな結合をするとファイバ伝達関数行列は複雑な周波数特性を示し，入射した波形のパルス幅が広がり，波形劣化を起こす．これが偏波モード分散（PMD: polarization mode dispersion）である．

　偏波モード分散とアイ劣化の関係や，偏波モード分散の等化法など未解決の問題が多々残っている．ここでは伝達関数行列をテイラー展開する数学的に厳密な方法で，1次PMD（the first-order PMD），2次PMD（the second-order PMD）や偏波主軸状態（principal state of polarization: PSP）を定義する．これと共にシステム設計で重要なPMD統計分布が3次カイ自乗分布（chi-square distribution of the third-order）と異なることを指摘する．更に，これらのベクトル表現について用いられる，ストークスベクトルと伝達関数ベクトルを比較して説明する．これらは新しい物理量の定義を考えるとき役立つ．

11.1 偏波モード分散の概念
concept of polarization mode dispersion

　PMDの定義は二つのC. D. Pooleの優れた直感によるものが知られている．一つはジョーンズ行列を微分した演算子の固有値差によるもの，ほかの一つはポアンカレ球面上でのPMDベクトルのノルムによるものである．応用の局面では共に同一の結果を与える場合もある．しかし，直感的導出のため数学的な誤解もある．ここでは量子情報での密度行列と拡張ブロッホベクトルを参考に，SU(2)の生成演算子を用いてPMDを数学的に整理し体系化する．

　1次偏波モード分散値は，良質のDSFでは$0.1\mathrm{ps}/\sqrt{\mathrm{km}}$以下である．2次偏波モード分散は，それぞれの偏波モードの群遅延時間が光周波数依存性をもち，各モードの運ぶ光波形がひずむことを意味する．この説明を模式的に図**11.1**に示す．符号速度がテラビット級の超広帯域伝送では図**11.2**のように，信号スペクトルの中での偏波状態は光周波数と共に大きく変化する一種の偏波依存フィルタとなり，1次PMDの値も変化が大きく，高次PMDという概念を取り扱うことも難しい極端な場合もある．したがって，まだこれからの新システム設計にふさわしい偏波モード分散の新しい取扱い法も検討されてしかるべきである．このような概念を前提として，偏波モード分散の定義など，取扱いの基礎を示す．

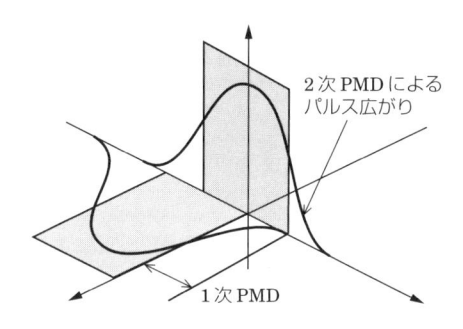

図**11.1**　PMDの模式的説明

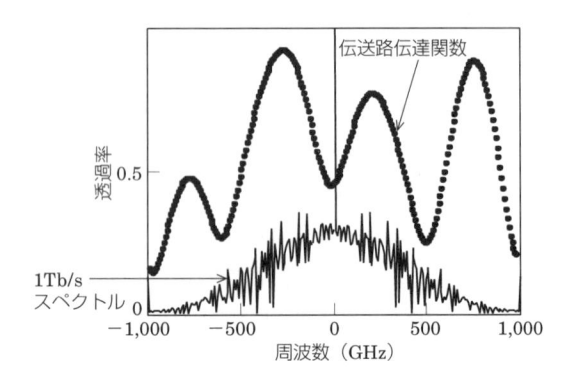

図 **11.2** 超広帯域伝送での偏波状態

11.2 数学的な PMD の定義
mathematical difinition of polarization mode dispersion

偏波モード分散は伝送路の群遅延分散特性に含まれるので，伝達関数行列 $T(\omega)$ をキャリヤ光周波数 ω_0 の周りでテイラー展開することで記述されるはずである．

$$T(\omega) = T(\omega_0) + \left.\frac{dT}{d\omega}\right|_{\omega_0} \delta\omega + \frac{1}{2!}\left.\frac{d^2T}{d\omega^2}\right|_{\omega_0} \delta\omega^2 + \frac{1}{3!}\left.\frac{d^3T}{d\omega^3}\right|_{\omega_0} \delta\omega^3 \tag{11.1}$$

ここで，$\delta\omega = \omega - \omega_0$ である．伝達関数微分演算子というべき PMD 演算子 $D(\omega)$

$$D(\omega) = \frac{dT(\omega)}{d\omega} \cdot T(\omega)^{-1} \tag{11.2}$$

を用いて展開すると

第11章 偏波モード分散

$$T(\omega) = \left\{ 1 + D\delta\omega + \frac{1}{2!} D^2 \delta\omega^2 + \frac{1}{3!} D^3 \delta\omega^3 \right\} T(\omega_0)$$

$$+ \frac{1}{2} \frac{dD}{d\omega} \delta\omega^2 \{1 + D\delta\omega + ...\} T(\omega_0)$$

$$+ \frac{1}{3!} \frac{d^2 D}{d\omega^2} \delta\omega^3 \{1 + ...\} T(\omega_0)$$

$$+ \frac{1}{3!} \left[D, \frac{dD}{d\omega} \right] \delta\omega^3 T(\omega_0)$$

$$\cong \left\{ 1 + \frac{1}{2!} \frac{dD}{d\omega} \delta\omega^2 + \frac{1}{3!} \frac{d^2 D}{d\omega^2} \delta\omega^3 + ... \right\}$$

$$\times \left\{ 1 + D\delta\omega + \frac{1}{2!} D^2 \delta\omega^2 + \frac{1}{3!} D^3 \delta\omega^3 + ... \right\} T(\omega_0) \tag{11.3}$$

となる．$\delta\omega$の3次項で誤差が最小であるとすると，この演算子表現は

$$T(\omega) = \exp\left(D\delta\omega + \frac{1}{2} \frac{dD}{d\omega} \delta\omega^2 \right) T(\omega_0) \tag{11.4}$$

となる．$D(\omega)$は1次PMD演算子，$dD/d\omega$は2次PMD演算子であり，可換ではない．まず1次PMDを論ずるとして，2次PMDを無視する．

ここで，1次PMD演算子$D(\omega)$をユニタリ演算子Xで対角化することを考えて，式(11.4)を変形すると，次の形が与えられる．

$$X^{-1} T(\omega) = X^{-1} \exp(D\delta\omega) X \cdot X^{-1} T(\omega_0)$$

$$= \begin{bmatrix} \exp(-j\Gamma_+ \delta\omega) & 0 \\ 0 & \exp(-j\Gamma_- \delta\omega) \end{bmatrix} \cdot X^{-1} T(\omega_0) \tag{11.5}$$

$-j\Gamma_\pm$は$D(\omega)$の固有値で，$\exp(-j\Gamma_\pm \delta\omega)$はそれぞれ最大，最小の群遅延時間を意味している．

また，光入力信号のフーリエ変換を$a^{in}(\omega)$と書くと，出力偏波状態は$a^{out}(\omega) = T(\omega) a^{in}(\omega)$であるので

$$X^{-1}a^{\text{out}}(\omega) = X^{-1}\exp(D\delta\omega)X \cdot X^{-1}T(\omega_0)a^{\text{in}}(\omega)$$

$$= \begin{bmatrix} \exp(-j\Gamma_+\delta\omega) & 0 \\ 0 & \exp(-j\Gamma_-\delta\omega) \end{bmatrix}$$

$$\times X^{-1}T(\omega_0)a^{\text{in}}(\omega)$$

$$= \begin{pmatrix} P_+(\omega) \\ 0 \end{pmatrix} + \begin{pmatrix} 0 \\ P_-(\omega) \end{pmatrix} \tag{11.6}$$

$X^{-1}T(\omega_0)a^{\text{in}}(\omega)$ は分散ひずみのない偏波状態で，その直交成分は最大の群遅延 Γ_+ と最小の群遅延 Γ_- の影響を受ける．この偏波状態が，主偏波状態（PSP: principal state of polarization）である．この群遅延時間の差は1次PMDの定義として妥当であり，C. D. Poole の定義と一致する．

Kogelnik などの表現でPSPを定義すると

$$\left. \begin{aligned} \exp(D\delta\omega)\vec{p}_+ &= \exp(-j\Gamma_+\delta\omega)\vec{p}_+ \\ \exp(D\delta\omega)\vec{p}_- &= \exp(-j\Gamma_-\delta\omega)\vec{p}_- \end{aligned} \right\} \tag{11.7}$$

ここで，PSPはPMD演算子 D の固有ベクトルである．これは伝送路出力側での定義であるから，入力側に読み直すと

$$\left. \begin{aligned} a_+ &= T(\omega_0)^{-1}\vec{p}_+ \\ a_- &= T(\omega_0)^{-1}\vec{p}_- \end{aligned} \right\} \tag{11.8}$$

である．すなわち

$$T(\omega)a_+ = \exp(D\delta\omega)T(\omega_0) \cdot T(\omega_0)^{-1}\vec{p}_+$$

$$= \exp(-j\Gamma_+\delta\omega)\vec{p}_+ \Leftrightarrow \begin{bmatrix} P_+(\omega) \\ 0 \end{bmatrix} \tag{11.9}$$

の対応となる．ユニタリ行列 X は

$$X = (\vec{p}_+, \vec{p}_-) \tag{11.10}$$

で与えられることに注意しよう．

ここで，伝達関数行列を

$$T(\omega)$$
$$= \begin{bmatrix} \cos\Theta\cdot\exp(-j\phi-j\psi) & -\cos\Theta\cdot\exp(-j\phi+j\psi) \\ \sin\Theta\cdot\exp(+j\phi-j\psi) & \cos\Theta\cdot\exp(+j\phi+j\psi) \end{bmatrix}\exp(-\Phi)$$
(11.11)

と表現すると,PMD基本パラメータ $\overline{\alpha}_i, \overline{\beta}_i, \overline{\gamma}_i$ が位相変数のテイラー展開係数として次のとおりに与えられる.

$$\left. \begin{array}{l} \Theta = \Theta_0 + \overline{\alpha}_1\delta\omega + \dfrac{1}{2}\overline{\alpha}_2\delta\omega^2 \\[6pt] \phi = \phi_0 + \overline{\beta}_1\delta\omega + \dfrac{1}{2}\overline{\beta}_2\delta\omega^2 \\[6pt] \psi = \psi_0 + \overline{\gamma}_1\delta\omega + \dfrac{1}{2}\overline{\gamma}_2\delta\omega^2 \end{array} \right\}$$
(11.12)

ここで,位相変数として Θ も取り扱うことは奇妙に思われる.これは SU(2) の対称群の基本的性質の一つで,一般化された回転として有用である.すなわち,伝達関数行列は

$$T(\omega) = \begin{bmatrix} \exp(-j\phi) & 0 \\ 0 & \exp(+j\phi) \end{bmatrix}\begin{bmatrix} \cos\Theta & -\cos\Theta \\ \sin\Theta & \cos\Theta \end{bmatrix}$$
$$\times \begin{bmatrix} \exp(-j\psi) & 0 \\ 0 & \exp(+j\psi) \end{bmatrix}\exp(-\Phi) \qquad (11.13)$$

と一義的に分解され,更に

$$T(\omega) = \begin{bmatrix} \exp(-j\phi) & 0 \\ 0 & \exp(+j\phi) \end{bmatrix}C^{-1}$$
$$\times \begin{bmatrix} \exp(-j\Theta) & 0 \\ 0 & \exp(+j\Theta) \end{bmatrix}C$$
$$\times \begin{bmatrix} \exp(-j\psi) & 0 \\ 0 & \exp(+j\psi) \end{bmatrix}\exp(-\Phi) \qquad (11.14)$$

と書ける.ここに

$$C = \begin{bmatrix} \cos\frac{\pi}{4} & -\sin\frac{\pi}{4} \\ \sin\frac{\pi}{4} & \cos\frac{\pi}{4} \end{bmatrix} \begin{bmatrix} \exp\left(\frac{-j\pi}{4}\right) & 0 \\ 0 & \exp\left(\frac{+j\pi}{4}\right) \end{bmatrix} \quad (11.15)$$

である.したがって Θ, ϕ, ψ を位相変数として統一的に理解することができる.等化器などの回路合成のとき,PLC平面光集積回路では回転は実現できないが,この等価変換で機能実現が可能になる.

ここで,式(11.7)の伝達関数行列を用いたとき,PMD演算子 $D(\omega)$ の固有値差として1次PMDをPMD基本パラメータを用いて書くと次のようになる.

$$\tau_{\text{PMD}} = 2\sqrt{\bar{\alpha}_1^2 + \bar{\beta}_1^2 + \bar{\gamma}_1^2 + 2\bar{\beta}_1\bar{\gamma}_1\cos 2\Theta_0} \quad (11.16)$$

$\bar{\alpha}_1, \bar{\beta}_1, \bar{\gamma}_1$ が独立で同一分散をもつ正規分布確率変数のときにも1次PMDは相関項をもち,カイ自乗分布 (chi-square distribution, Maxwellianとも呼ばれる) とは異なる.100万点のシミュレーションでもシステム設計に影響がある有意差がある (図**11.3**).

式(11.9)の中で,これまで無視していた偏波に依存しない位相シフト $\Phi(\omega)$ もテイラー展開して

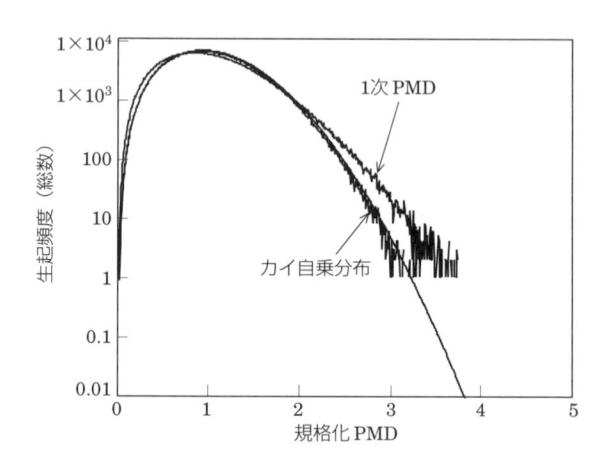

図**11.3** 1次PMD統計分布

第11章 偏波モード分散

$$\Phi(\omega) = \Phi_0 + \beta_1 \delta\omega + \frac{1}{2}\beta_2 \delta\omega^2 \tag{11.17}$$

とおくと,式(11.4)は

$$T(\omega) = \exp\left[(D - j\beta_1)\delta\omega + \frac{1}{2}\left(\frac{dD}{d\omega} - j\beta_2\right)\delta\omega^3\right]$$
$$\times T(\omega_0)\exp(-j\Phi_0) \tag{11.18}$$

と拡張される.色分散はスカラ量で,偏波モード分散は演算子での表示であることに注意する.ただし,分散は重なって現れるので,分離に注意が必要である.

1次PMD演算子をPMD基本パラメータで表現すると以下となる.

$$D = -j\begin{bmatrix} \bar{\beta}_1 + \bar{\gamma}_1 \cos 2\Theta & (-j\bar{\alpha}_1 + \bar{\gamma}_1 \sin 2\Theta)e^{-j2\phi} \\ (+j\bar{\alpha}_1 + \bar{\gamma}_1 \sin 2\Theta)e^{+j2\phi} & -(\bar{\beta}_1 + \bar{\gamma}_1 \cos 2\Theta) \end{bmatrix} \tag{11.19}$$

2次PMD演算子は同様に

$$\frac{dD}{d\omega} = -j\begin{bmatrix} \bar{\beta}_2 + \bar{\gamma}_2 \cos 2\Theta & (-j\bar{\alpha}_2 + \bar{\gamma}_2 \sin 2\Theta)e^{-j2\phi} \\ (+j\bar{\alpha}_2 + \bar{\gamma}_2 \sin 2\Theta)e^{+j2\phi} & -(\bar{\beta}_2 + \bar{\gamma}_2 \cos 2\Theta) \end{bmatrix}$$
$$-j2\begin{bmatrix} -\bar{\alpha}_1\bar{\gamma}_1 \sin 2\Theta \\ (-\bar{\alpha}_1\bar{\beta}_1 + j\bar{\beta}_1\bar{\gamma}_1 \sin 2\Theta + \bar{\alpha}_1\bar{\gamma}_1 \cos 2\Theta)e^{+j2\phi} \end{bmatrix}$$
$$\begin{bmatrix} (-\bar{\alpha}_1\bar{\beta}_1 - j\bar{\beta}_1\bar{\gamma}_1 \sin 2\Theta + \bar{\alpha}_1\bar{\gamma}_1 \cos 2\Theta)e^{-j2\phi} \\ \bar{\alpha}_1\bar{\gamma}_1 \sin 2\Theta \end{bmatrix} \tag{11.20}$$

と与えられる.

11.3 伝達関数行列の等価ベクトル表現
vector representation of transfer function matrix

パウリのスピン演算子を用いて，伝達関数行列をベクトル表現できる．

$$\left.\begin{array}{l} T(\omega) = \cos\Theta\cos(\phi+\psi)\sigma_0 + j\sum_{i=1}^{i=3} T_i\sigma_i \\ D(\omega) = -j\sum_{i=1}^{i=3}\sigma_i D_i \end{array}\right\} \quad (11.21)$$

すなわち，伝達関数行列と1次PMD演算子を展開できて

$$\vec{T} \equiv (T_1, T_2, T_3)^t \qquad \vec{D} \equiv (D_1, D_2, D_3)^t \quad (11.22)$$

となる．ここで

$$\vec{T} = \begin{bmatrix} \sin\Theta\sin(\phi-\psi) \\ -\sin\Theta\cos(\phi-\psi) \\ -\cos\Theta\sin(\phi+\psi) \end{bmatrix} \quad (11.23)$$

$$\vec{D} = \begin{bmatrix} \bar{\gamma}_1 \sin 2\Theta \cos 2\phi - \bar{\alpha}_1 \sin 2\phi \\ \bar{\gamma}_1 \sin 2\Theta \sin 2\phi + \bar{\alpha}_1 \cos 2\phi \\ \bar{\beta}_1 + \bar{\gamma}_1 \cos 2\Theta \end{bmatrix} \quad (11.24)$$

それぞれ伝達関数ベクトルと，1次PMDベクトルと定義する．

$$\frac{dT}{d\omega} = D \cdot T = \left\{ -j\sum_{i=1}^{i=3}\sigma_i D_i \right\} \left\{ \cos\Theta\cos(\phi+\psi)\sigma_0 + j\sum_{i=1}^{i=3} T_i\sigma_i \right\} \quad (11.25)$$

から

$$\frac{d\vec{T}}{d\omega} = -\cos\Theta\cos(\phi+\psi)\vec{D} + \vec{D}\times\vec{T} \quad (11.26)$$

が成立して，伝達関数ベクトルの微分から1次PMDを決定できる．

　伝達関数行列に伝送路の伝達特性はみな包含されているので，これらのベクトル表現が，直感的イメージづくりに役立つはずである．物理的理解を少

し整理してみる.

まず,1次PMD演算子のベクトル表現の物理的理解である.

図 11.4 に 1 次 PMD のベクトル化された表現を示す.PMD 基本パラメータ $\bar{\alpha}_1, \bar{\beta}_1, \bar{\gamma}_1$ のベクトル合成として $D(\omega)$ ができている.S_1-S_2 平面がファイバ断面であるとすると,S_3 はファイバの軸方向である.よって,$\bar{\alpha}_1$ は,ファイバ断面内に存在し,これはモードへのエネルギー分配にかかわる.また,伝搬平面とは直交する.$\bar{\beta}_1$ は純粋に伝搬遅延に対応して,ファイバ軸に一致する.$\bar{\gamma}_1$ は伝搬軸と 2Θ,S_2 軸と 2ϕ をなし,中間的な性格を表している[*1].

2 次 PMD 演算子は式(11.19)で与えられたが,第 1 のマトリックスは 1 次 PMD 演算子の方向への微分項で $(\bar{\alpha}_2, \bar{\beta}_2, \bar{\gamma}_2)$ から構成されている.第 2 のマトリックスは図 11.4 のベクトル群 $\bar{\alpha}_1, \bar{\beta}_1, \bar{\gamma}_1$ のベクトル積でほとんど表現できる.

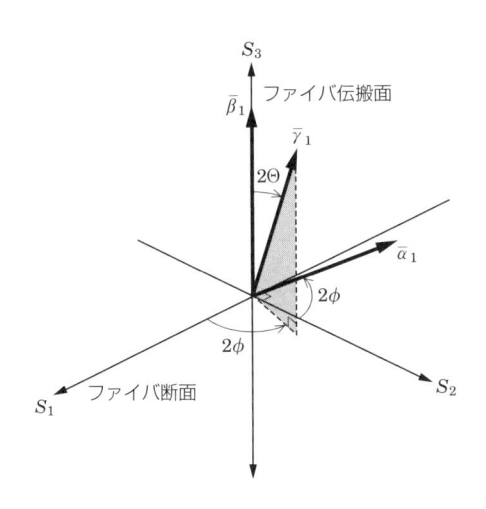

図 11.4 1 次 PMD のベクトル表現

[*1] パウリスピン演算子を物理学の標準的記述に従うと,ファイバ伝搬軸 z に関連する位相推移が自然に伝搬遅延差に関連し,PMD 基本パラメータの性格もうまく理解できる.

第2マトリックス

$$= -\left(\vec{\beta}_1 \times \vec{\alpha}_1 + \vec{\gamma}_1 \times \vec{\alpha}_1 + \vec{\beta}_1 \times \vec{\gamma}_1\right) + j\beta_1\gamma_1 \cos 2\Theta \sigma_0 \quad (11.27)$$

2次PMDには今後研究すべき事柄が多く残っている．

次に，伝達関数ベクトルの物理的理解を調べる．**図11.5**は，伝達関数ベクトルと伝達関数行列の対応を示す．T_3軸は原点が単位行列に対応し，北極は$-j\sigma_3$に対応，南極は$+j\sigma_3$に対応して，モード変換がない軸である．赤道は完全にモード変換される伝達関数行列に対応する．測定した伝達関数行列に対応する伝達関数ベクトルの波長依存性を図式化して，伝達関数行列の特性を検討できるはずである．有用な補助レンマを多く見つけ出すことが，この新たなベクトル表現活用に必要である．

ポアンカレ球面は伝送路上の偏波状態を記述できるが，ポアンカレ球面上から1次PMDを決定することはできない．これは多くの報告で誤解されている[*2]．

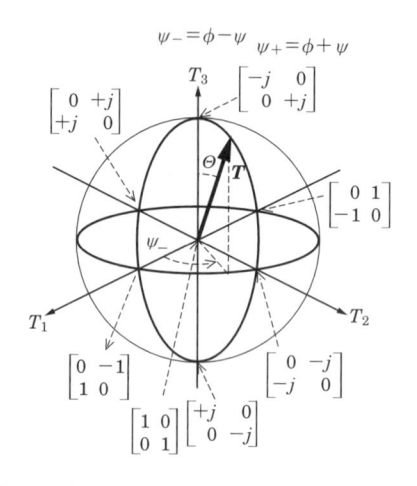

図11.5 伝達関数ベクトルと対応する伝達関数行列

[*2] C. D. Pooleの初期の論文で導入され多く引用されているPMDの定義式の一つである．PMD基本パラメータを用いて観念的記述を直接的記述にすると，いろいろなことが明確となる．

すなわち，ポアンカレ球面上での1次PMD決定方程式

$$\frac{d\mathbf{S}}{d\omega} = \vec{\Omega} \times \mathbf{S} \tag{11.28}$$

は不定であることが次のようにしてわかる．ストークスベクトルの行列表現は密度行列Pであったので，式(11.28)の行列表現を書けば

$$\frac{dP}{d\omega} = \Omega \cdot P \Leftrightarrow \Omega = \frac{dP}{d\omega} \cdot P^{-1} \tag{11.29}$$

となるはずである．ところが，密度行列はユニタリ行列でないので，P^{-1}は存在しない．あるいは式(11.28)はPMD基本パラメータで，1次PMDベクトル$\vec{\Omega} = (\Omega_1, \Omega_2, \Omega_3)^t$を決定する1次連立方程式となる．式(11.30)の左辺マトリックスの行列式は0で不定である．

$$\begin{bmatrix} 0 & -\sin 2\Theta \cos 2\phi & \sin 2\Theta \cos 2\phi \\ \sin 2\Theta \sin 2\phi & 0 & \cos 2\Theta \\ \sin 2\Theta \sin 2\phi & -\cos 2\Theta & 0 \end{bmatrix} \begin{bmatrix} \Omega_1 \\ \Omega_2 \\ \Omega_3 \end{bmatrix}$$
$$= \begin{bmatrix} -2\overline{\beta}_1 \sin 2\Theta \\ 2\overline{\alpha}_1 \cos 2\Theta \cos 2\phi - 2\overline{\beta}_1 \sin 2\Theta \sin 2\phi \\ 2\overline{\alpha}_1 \cos 2\Theta \sin 2\phi + 2\overline{\beta}_1 \sin 2\Theta \cos 2\phi \end{bmatrix} \tag{11.30}$$

11.4 偏波モード分散の測定
measurement of polarization mode dispersion

　PMDの測定は伝達関数行列を測定して，1次PMD演算子の固有値を求めればよい．ここでは，レイリー散乱から往復の伝達関数行列を求め，そのPMDが片道の伝達関数行列のPMDとの関係を解析的に示す．

　図**11.6**に光ファイバでの後方レイリー散乱を利用して往復の伝達関数行列を求める手順を示す．

　入射波(a_1, a_2)が光ファイバTを伝搬して，$z = z$点でレイリー後方散乱を受けて(a_3, a_4)として光ファイバを逆進して出力(b_1, b_2)を生じる．

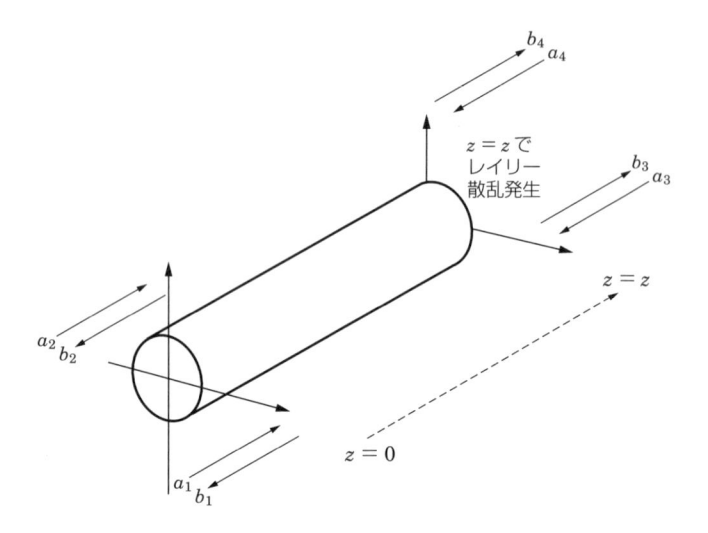

図 11.6 レイリー後方散乱による往復伝達関数行列の決定

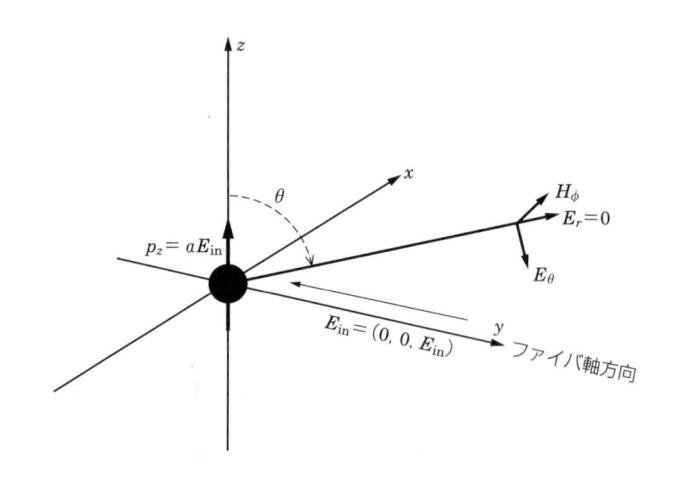

図 11.7 レイリー散乱の偏波状態

$$F = T^t \cdot R \cdot T \tag{11.31}$$

ここで，F は往復伝達関数行列，R はレイリー後方散乱行列である．

レイリー散乱は波長より十分小さい粒子からの散乱であり，散乱体を球形と近似すれば，光ファイバ内での後方散乱偏光特性を解析できる．図**11.7**に

後方散乱の偏波状態を示す．

波長より十分離れた遠方解では散乱波はE_rは無視できて，E_zの入射波に対して

$$E_\theta \approx \left(0, 0, -\frac{pk^2 e^{-jkR}}{4\pi\varepsilon R}\sin\theta\right) \tag{11.32}$$

$$H_\phi \approx \left(-\frac{pk\omega e^{-jkR}}{4\pi R}\sin\theta, 0, 0\right) \tag{11.33}$$

と求められる．ここに，p は微小散乱体の双極子モーメントで，a は分極率テンソルである．後方散乱 $\theta = \pi/2$ では散乱波も入射波と同じ偏波となることがわかる．任意の入射波偏波状態に対して重ね合わせが成立する．したがって

$$R = \begin{bmatrix} -\alpha\xi & 0 \\ 0 & -\alpha\xi \end{bmatrix} \tag{11.34}$$

と書ける．ここに，ξ は後方散乱波（式(11.32)）が光ファイバHE_{11}モードに結合する効率を含む係数である．

$$F = -\alpha\xi \cdot T^t \cdot T \tag{11.35}$$

すなわち，振幅を規格化して

$$F = T^t \cdot T \tag{11.36}$$

これから，往復伝達関数行列 F の1次PMD演算子を求めると

$$\frac{dF}{d\omega}F^{-1} = T^t\left(D^t + D\right)\left(T^t\right)^{-1} \tag{11.37}$$

ここに，D は片道の伝達関数行列 T に対する1次PMD演算子である．
この固有値をPMD基本パラメータで評価すると

PMD(double path)

$$= 4\sqrt{\overline{\alpha}_1^2 + \overline{\beta}_1^2 + \overline{\gamma}_1^2 + 2\overline{\beta}_1\overline{\gamma}_1\cos 2\Theta_0 - (\overline{\alpha}_1\cos 2\phi - \overline{\gamma}_1\sin 2\phi \sin 2\Theta_0)^2}$$
(11.38)

これより，片道PMDの2倍を，往復PMDは超えることはないことがいえる．

今後，敷設ずみのファイバのPMD評価などに，レイリー後方散乱利用が期待される．

往復の光ファイバ伝達関数行列T^tTを測定して，片道伝達関数行列Tを分解できるかなど，工学的利用価値の高い課題が山積されている．この種の問題へは直感で見通しをつけて，第一原理（例えばマクスウェル方程式）から解析することが必要である．

第 12 章

等 化 器
Optical Equalizer

　光ファイバ増幅器の実用化により，損失限界が拡大され，電気的再生中継なしに1万kmを80 km，100 kmスパンで光増幅中継するようになると，光ファイバの分散による波形劣化，分散限界が光システム規模を決定するようになる．そこで，分散制御として，分散値の異なる光ファイバを組み合わせて敷設し，全体での分散値を必要な範囲に押さえる工夫がなされる．

　さらに，伝送速度が40 Gb/sを超えはじめると，これまで時不変性を前提とできた光ファイバ伝送路も，色分散 chermatic dispersion さえも温度特性により時不変性の仮定が破れる．無論，偏波モード分散も短距離回線でもその時間変動へ自動等化が必要となる．

　実用されている等化器は特殊な符号列を送信してその伝送路と応答から等化器を最適化する"教師付きの学習"によるものがほとんどである．

　これに対して，光等化器はできればブラインド等化すなわち"教師なしの学習"という難しい課題を含んでいる．したがって，等化光回路と共に誤差信号（制御信号）の取得方法や最適化アルゴリズムなど通信技術の重要課題に光等化技術は取り組むことになる．

12.1 分散等化器
chromatic dispersion equalizer

偏波に依存しない分散の等化は，逆分散特性をもつ分散補償ファイバ（DCF）を用いて主に対応されているが，伝送速度の向上に伴い，伝送路の温度変化に伴う分散の変化をも補償する必要が生じている．可変分散等化器の基本形はその回路特性が第2種チェビシェフ多項式で表現される，図**12.1**に示す構成のフィルタである．

その伝達関数は

図 **12.1** 可変分散等化器の構造

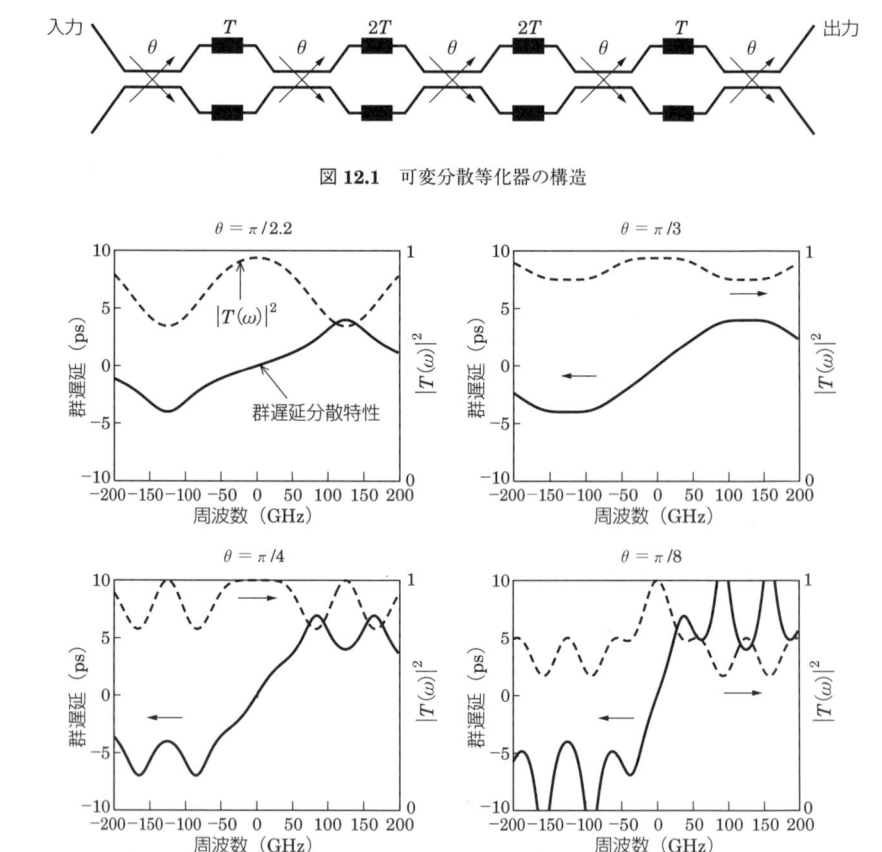

図 **12.2** 可変分散補償回路の特性，点線：伝達特性，実線：群遅延特性
（群遅延分散の傾きが大きくなると，帯域が狭くなる）

$$T_n(\omega) = \{\alpha U_{n-1}(\alpha) - U_{n-2}(\alpha)\}\sin 2\theta + j\sin\theta U_{n-1}(\alpha) \quad (12.1)$$

であり，$\alpha = \cos\theta \cos(2\omega Ts)$ とし，第2種チェビシェフ多項式は次式で与えられる．

$$U_n(\alpha) = \frac{\sin\{(n+1)\cos^{-1}\alpha\}}{\sqrt{1-\alpha^2}} \quad (12.2)$$

群遅延時間特性は，式(12.1)の位相角を角周波数で微分すれば求められる．

ここで，図**12.2**に示すように，θ を変化させることで群遅延時間の傾き（2次分散）を可変にできる．分散値が大きくなると，帯域幅が減少することは，増幅器の利得と帯域幅の関係に類似している．

12.2 1次PMDの等化法
equalization of the first-order PMD

PMD等化器はこれまで主に，遅延最大最小偏波状態への対角化光回路と遅延差補償回路から構成される方式が試作されてきた．しかし，2次PMDへの対応など，高次分散への補償が不可欠で光回路の多段化，複雑化の傾向がいなめない．現実的には伝達関数行列の逆行列を合成してPMDなどを一括等化する方法が有力である．

光入力信号フーリエ変換を $a^{\text{in}}(\omega)$ と書くと，出力偏波状態は

$$a^{\text{out}}(\omega) = T(\omega)a^{\text{in}}(\omega)$$

であるので，式(11.6)より，対角化演算子 X は次のように振る舞う．

$$\begin{aligned}
X^{-1}a^{\text{out}}(\omega) &= X^{-1}\exp(D\delta\omega)X \cdot X^{-1}T(\omega_0)a^{\text{in}}(\omega) \\
&= \begin{bmatrix} \exp(-j\Gamma_+\delta\omega) & 0 \\ 0 & \exp(-j\Gamma_-\delta\omega) \end{bmatrix} \\
&\quad \times X^{-1}T(\omega_0)a^{\text{in}}(\omega) \\
&= \begin{pmatrix} P_1(\omega) \\ 0 \end{pmatrix} + \begin{pmatrix} 0 \\ P_2(\omega) \end{pmatrix} \quad (12.3)
\end{aligned}$$

伝達関数行列に対応する状態ベクトル $a^{in}(\omega)$ の要素は進行波電界をモードインピーダンスの平方根で規格化した電力波複素振幅である．

HeismannのPMD等化器が，対角化演算子によって得られたPSPを遅延時間補償することにより構成されることが，逆演算として理解できる．

対角化演算子はPMD基本パラメータを用いて，陽に求められる．

$$X^{-1} = \frac{\sqrt{\alpha_1^2 + \gamma_1^2 \sin^2 2\Theta_0}}{j\alpha_1 + \gamma_1 \sin 2\Theta_0} e^{-2j\phi}$$

$$\times \begin{bmatrix} \sqrt{\dfrac{\Gamma + \beta_1 + \gamma_1 \cos 2\Theta_0}{2\Gamma}} & -\dfrac{(j\alpha_1 + \gamma_1 \sin 2\Theta_0)e^{j2\phi_0}}{\sqrt{2\Gamma(\Gamma + \beta_1 + \gamma_1 \cos 2\Theta_0)}} \\ \sqrt{\dfrac{\Gamma - \beta_1 - \gamma_1 \cos 2\Theta_0}{2\Gamma}} & \dfrac{(j\alpha_1 + \gamma_1 \sin 2\Theta_0)e^{j2\phi_0}}{\sqrt{2\Gamma(\Gamma - \beta_1 - \gamma_1 \cos 2\Theta_0)}} \end{bmatrix}$$

(12.4)

このユニタリ行列は，式(1.33)で $\phi = 0$ のときに相当し，可変位相シフトは古典光学系ではつくりにくいので，これを回転に置き換えることが可能である．したがって，位相板二つの回転で光回路合成が可能で，リセットフリーとすればHeismannの偏波制御器と一致する（図**12.3**）．

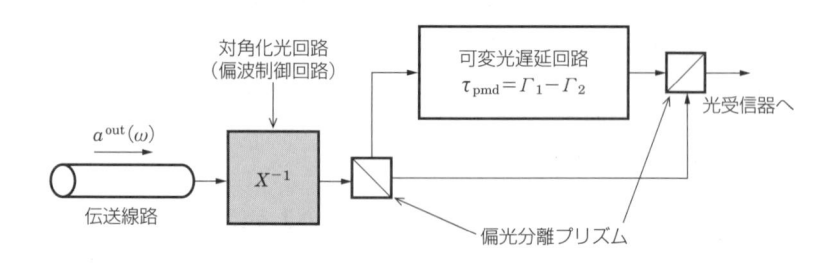

図 **12.3** PMD等化器の構成

12.3 超広帯域PMD等化法
equalization of ultra broad band PMD

WDMでノードカットスルーを行うには，各波長チャネルごとにエラーフリーを確認しなければならず，経済化の障害になっている．OTDM（光領域

時分割多重方式）においてテラビット級の伝送速度で，超大束情報をノードカットスルーするとき，エラー監視を集中的に，全光学的に行うことができる可能性があり，その前提として，この超広帯域PMD等化技術が必要になる．

図**12.4**は，光領域での積演算をPMD等化器制御に利用した方式提案例である．

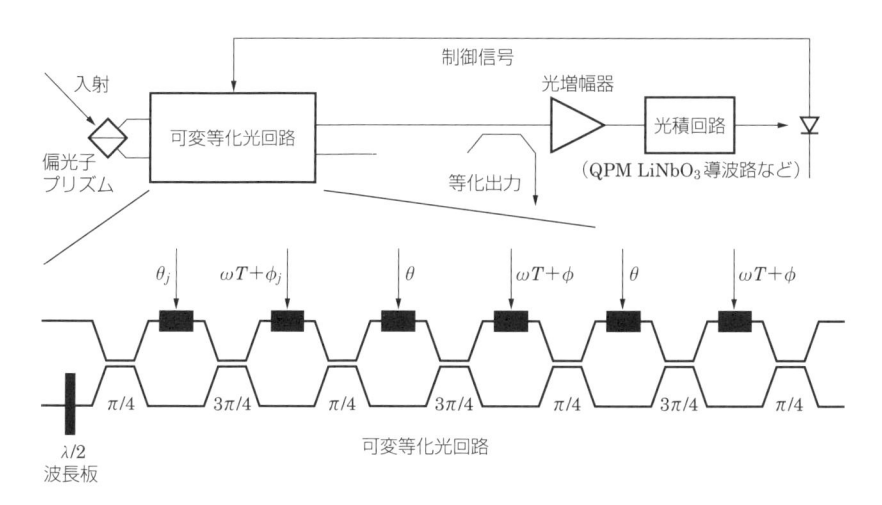

図12.4　非線形光学積回路を用いたPMD等化器の構成

光ファイバからの光信号は，偏光子プリズムなどで直交偏波を分離して等化光回路に導く．等化光回路はPLCなどの平面光集積回路で，まず半波長板で一方の偏波を90度回転し，両方の光を同一偏波として干渉するように変更する．

続く格子回路は

$$F(\omega) = \prod_{k=1}^{M} \begin{bmatrix} \cos\Theta_k & j\sin\Theta_k \\ j\sin\Theta_k & \cos\Theta_k \end{bmatrix} \begin{bmatrix} e^{-j\omega T - j\phi_k} & 0 \\ 0 & e^{+j\omega T + j\phi_k} \end{bmatrix} \quad (12.5)$$

の伝達関数行列と等価であり，可変位相シフタ Θ_k, ϕ_k のみで構成される可変格子回路である．等価なことは次の変換でわかる．

$$F(\omega) = \prod_{k=1}^{M} \frac{1}{2} \begin{bmatrix} 1 & -j \\ -j & 1 \end{bmatrix} \begin{bmatrix} e^{-j\Theta_k} & 0 \\ 0 & e^{j\Theta_k} \end{bmatrix} \begin{bmatrix} 1 & j \\ j & 1 \end{bmatrix}$$
$$\times \begin{bmatrix} e^{-j\omega T - j\phi_k} & 0 \\ 0 & e^{+j\omega T + j\phi_k} \end{bmatrix} \quad (12.6)$$

　さて，PMD等化のための可変回路制御信号は，光領域での積回路を利用する．ここでは，可変回路の出力を，共に2倍高調波を生成する非線形素子に加えることがそれに相当する．つまり

$$V_{\text{SHG}} = \langle |E_x + E_y|^2 \rangle = \langle |E_x|^2 + |E_y|^2 \rangle + 2\langle |E_x E_y| \rangle \quad (12.7)$$

という出力が得られる．ここで $\langle |E_x|^2 + |E_y|^2 \rangle$ は一定であることから，E_x, E_y の積を大きくする制御は偏波の遅延時間差を小さくすることになるので，この情報をフィードバック制御に使用することによりPMDが補償されることになる．

　図12.5は，PMDによる波形ひずみを示す．

　このとき，図12.6に示すように，1テラビット信号のスペクトル広がりの中で，伝達関数行列要素の絶対値自乗特性は激しく変化している．これに伴

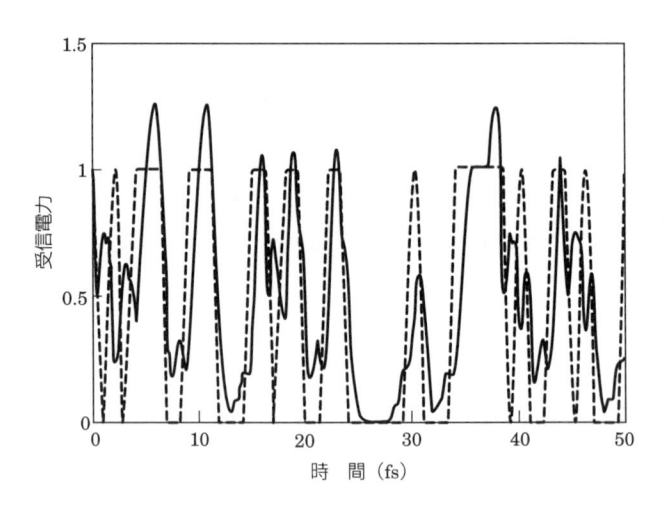

図12.5　PMDによる波形ひずみ

第12章 等 化 器

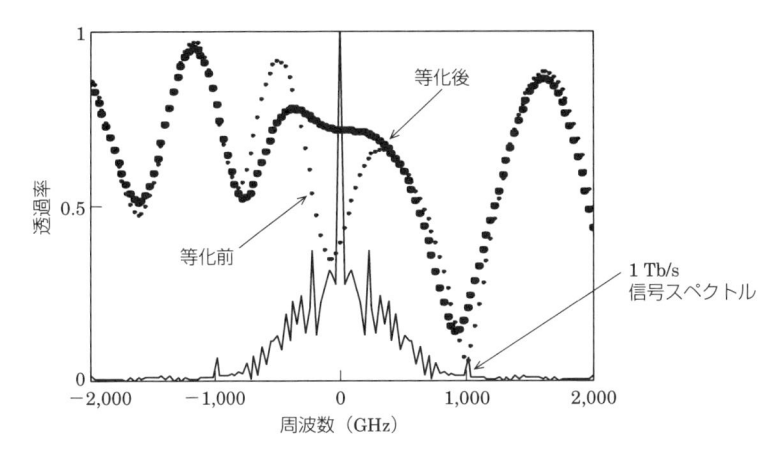

図 12.6 1テラビット伝送信号スペクトルと伝達関数行列要素
（点線が等化前，太線が等化後）

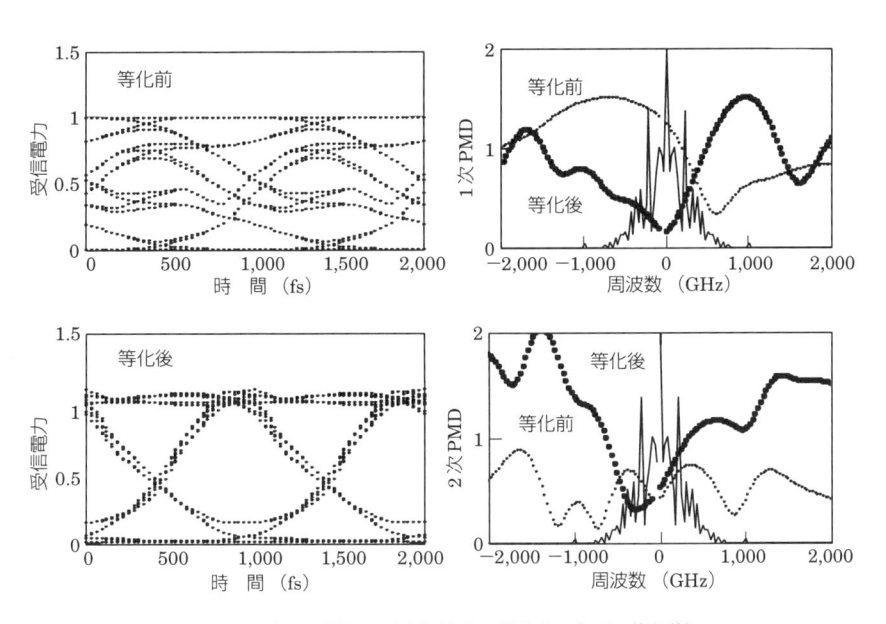

図 12.7 1テラビット受信アイ図形(左上：等化前，左下：等化後)
等化により補償されたPMD(右上：1次PMD，右下：2次PMD)

い1次PMDも光周波数依存性が大きいことがわかる．

　PMD等化器は6次ラティス回路で十分良い補償効果を示していることが図**12.7**のアイ図形変化から理解できる．また，この図から，1次PMDだけではなく2次PMDも補償され減少していることがわかる．

第 13 章

光 受 信 器
Optical Receiver

　光ネットワークシステムから電子システムへの信号変換は不可避である．波長多重ネットワークなどでは，波長チャネル数だけの光受信器が必要で，経済負担の多い技術として課題を抱えている．EDFAなどの光増幅器は，光領域で光損失を補償することができ，しかも，複数の波長チャネルを一括して増幅することが可能である．また，光受信器はフォトンを電子に変換する直接光検波方式を基本として，光波のコヒーレンスを利用する光ヘテロダイン検波方式やホモダイン検波方式，更には量子状態変換を用いた量子光学的受信方式など多様性をもつ．

　光ネットワークの飛躍は，今後，光ファイバ性能限界をいかに克服するかの難しいがおもしろい領域に展開せざるを得ない．たぶん，受信系の飛躍は量子光学ネットワークの実現に強い絡み合いをもつのであろう．まだ研究要素の多い分野といえよう．

13.1 直接光受信方式と雑音
direct receiver and its noise

　光受信器は電気システムと異なり，信号自身が雑音をもつといわれる．レーザからの出力光は，一つの伝わる様態(モード)にフォトンが縮退して含まれる特別な光波である．普通のタングステンランプなどの光はモード当たり0.1個以下のフォトンしか含まれていないが，いろいろな方向(多くのモード)へ伝搬するので，全体の光電力は数Wと大きい．またタングステンランプの熱放射はカオス的であるのに比較して，レーザ出力光のフォトンの生起分布はポアソン分布で，最小量子不確定状態にある．このようなフォトン統計の制御は，量子光学の中心的話題である．

　さて，レーザ光を逆バイアスされた半導体pinダイオードに照射すると，1個のフォトンにつき平均n個の電子に変換され，光電流が逆電流としてダイオードに流れる．この電子の分布もポアソン分布となる．この光電流の平均値からの揺らぎはショット雑音と呼ばれ，次のように求められる．

　まず，入射する光子によりホトダイオードに流れる逆電流をi_{ph}として求めると

$$i_{\mathrm{ph}} = \eta q \frac{P(t)}{h\nu} = \eta q n \tag{13.1}$$

となる．$P(t)$は入射光子エネルギー，$h\nu$は単一光子エネルギー，qは電荷である．

　ポアソン分布は

$$f(n) = m^n \frac{e^{-m}}{n!} \tag{13.2}$$

で，平均フォトン数

$$m = \left\langle \frac{P(t)}{h\nu} \right\rangle \tag{13.3}$$

である．光電流の平均値の周りでの分散(ショット雑音電流分散)は次のよう

第13章 光受信器

な形の平均値に等しい．

$$\sigma^2 = \left\langle (i_{\mathrm{ph}} - \langle i_{\mathrm{ph}} \rangle)^2 \right\rangle = \sum_n \{\eta q(n-m)\}^2 f(n) = (\eta q)^2 m \quad (13.4)$$

　ヘテロダイン受信方式や量子状態変換受信方式などの検討ではコヒーレント光のポアソン分布が重要な出発点である．図**13.1**にポアソン分布の比較的小さい平均値を示すが，十分強い光信号の場合はガウス分布で近似してよいことがうかがえる．

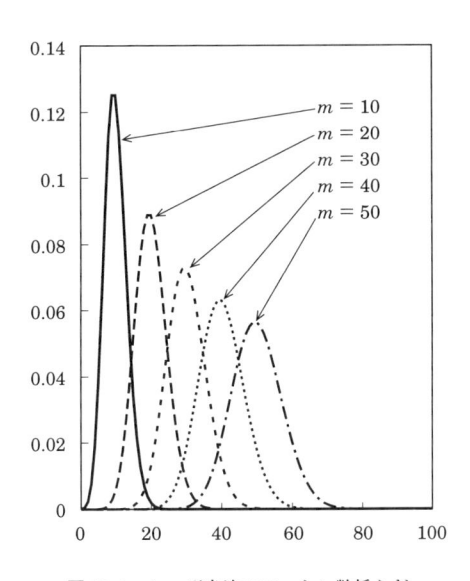

図 **13.1**　レーザ光波のフォトン数揺らぎ

　光受信回路には，図**13.2**に示すように，高インピーダンス形増幅器を等化器と組み合わせて構成する方式と，並列帰還形増幅器を用いる電流電圧変換形受信器方式がある．
　高インピーダンス形受信器の雑音等価回路を図**13.3**に示す．
　この雑音出力は

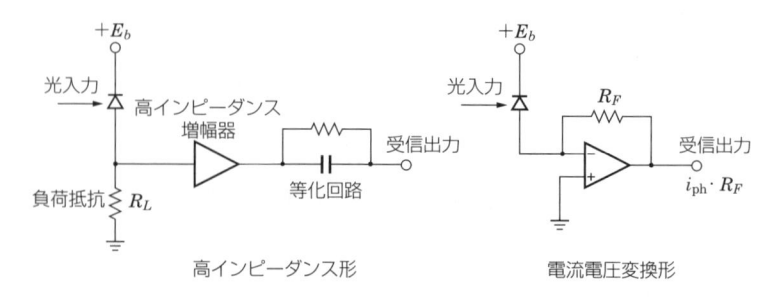

図 13.2 光受信回路形式

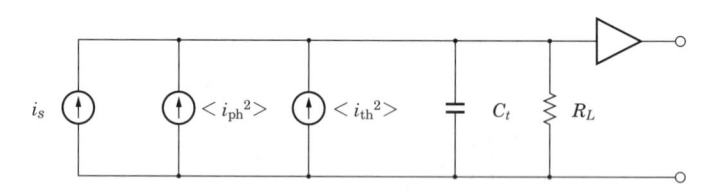

図 13.3 高インピーダンス形雑音等価回路

$$\langle i_n^2 \rangle_{\text{cir}} = \left[\frac{4kT}{R_L}\left(1+\frac{\Gamma}{g_m R_L}\right) + 2qI_{\text{gate}} \right] I_2 f_0$$
$$+ \frac{4kT\Gamma}{g_m}(2\pi C_T)^2 f_0^3 I_3 \tag{13.5}$$

と計算される．ここで，受信回路伝達関数を $H_T(f)$ とおいて，NRZ符号に対し最適化すると

$$\left. \begin{array}{l} I_2 = \int_0^\infty |H_T(f)|^2 df = 0.563 \\[6pt] I_3 = \int_0^\infty |H_T(f)|^3 df = 0.087 \end{array} \right\} \tag{13.6}$$

である．また，ゲート漏れ電流：I_{gate}，FET雑音係数：Γ，FET相互コンダクタンス：g_m，全入力容量：C_T である．

この方式は，飽和しやすい構成なので受信光電力の変化幅（ダイナミックレンジ）を大きくしにくいが，構造が簡単で，集積化しやすい．容量削減が

広帯域化では重要であることが式(13.6)からわかる．

式(13.5)は受信回路雑音の評価式なので，光信号のもつ雑音（光電流ショット雑音）は含まれていない．光電流ショット雑音は受信器伝達関数による帯域制限により，光信号のない（スペース）領域にも広がる．この影響を解析的に評価することは難しい課題で，多くの研究報告があるが，コンピュータで実時間領域と周波数領域を自由に活用すると，図**13.4**に示すように簡単に評価できる．この例では帯域制限により大幅に雑音削減がなされていることもわかる．

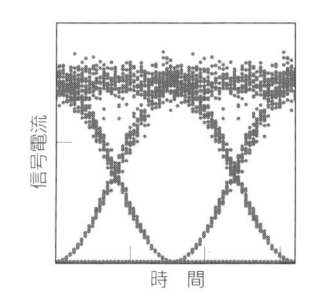

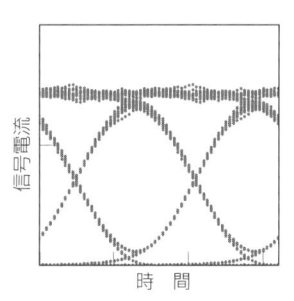

図 **13.4** 受信器帯域制限とショット雑音の広がり
（左：帯域制限なし，右：帯域制限あり．ショット雑音は
スペースにも広がる）

ディジタル光伝送における品質評価の基本の一つがビット誤り率である．マーク（"1"）とスペース（"0"）の生起確率を等しいと仮定し，識別器入力での電流分布を図**13.5**のように設定して，ビット誤り率を求める．

ここで，
　　　　マークに対応する信号電流平均値s_1，雑音標準偏差σ_1
　　　　スペースに対応する信号電流平均値s_0，雑音標準偏差σ_0
として，ガウス生起確率分布をもつとする．判定しきい値レベルをI_{th}とすると，誤り発生確率は，次式で表される．

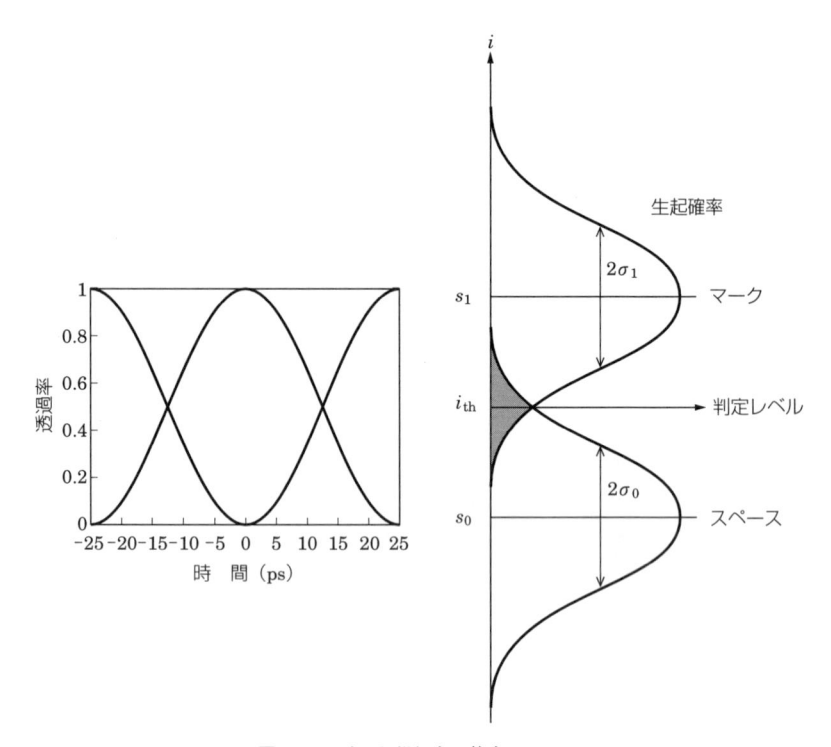

図 13.5　ビット誤り率の算定モデル

$$P(E) = \frac{1}{2}\left[\frac{1}{\sqrt{2\pi}\sigma_1}\int_{-\infty}^{i_{\rm th}}\exp\left\{-\frac{(s_1-i)^2}{2\sigma_1^2}\right\}di\right.$$

$$\left.+\frac{1}{\sqrt{2\pi}\sigma_0}\int_{i_{\rm th}}^{+\infty}\exp\left\{-\frac{(s_2-i)^2}{2\sigma_0^2}\right\}di\right] \quad (13.7)$$

マーク，スペースの誤る確率を等しくなるように判定レベル $i_{\rm th}$ を決めると，

$$判定レベル\ i_{\rm th} = \frac{s_1/\sigma_1 + s_0/\sigma_0}{1/\sigma_1 + 1/\sigma_0} \quad (13.8)$$

となり，受信品質評価の Q 因子（Q-factor）を次のように定める．

$$Q = \frac{s_1 - s_0}{\sigma_1 + \sigma_0} \tag{13.9}$$

Q因子を用いて式(13.7)を書き換えると

$$P(E) = \frac{1}{\sqrt{2\pi}} \int_Q^{+\infty} \exp\left(-\frac{t^2}{2}\right) dt = \frac{1}{2} \operatorname{erfc}\left(\frac{Q}{\sqrt{2}}\right) \tag{13.10}$$

となる．誤り率10^{-9}には$Q=6$，10^{-11}には$Q=6.7$が必要である．

13.2 光増幅器の雑音
noise analysis of optical amplifier

　光ファイバに遷移金属イオンを添加して，光励起することで光増幅器になることは1960年代から知られていた．1980年代後半になって，次世代の地球規模ネットワークに向けて光増幅器の研究が企画され，高出力半導体レーザを励起源とするラマン増幅などが研究対象となった．その過程で，同様の励起源を利用したEDFAに良好な特性を期待できることが示された．この歴史的流れを調べておくことは新たなブレークスルーを目指すに有益であろう．

　利得は20 dBを超え，雑音指数も4 dB台となり，広帯域波長多重システムなどにおいても，大規模光集積回路の損失を光増幅器で補償することが可能となり，急激な発展を見た．ここでは，理想化された光増幅器モデルによりその雑音特性を理解する．

　光増幅器の二準位系モデルを図**13.6**に示す．

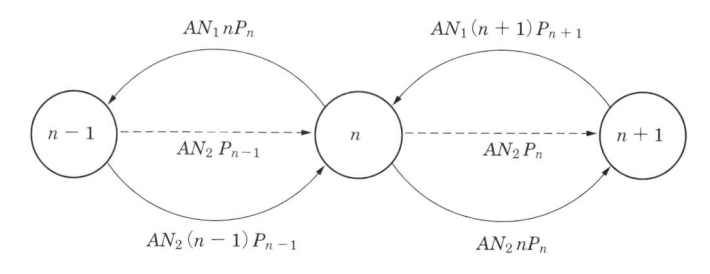

図 **13.6**　光子遷移過程概念図

イオン総数N，下位準位にN_1個，上位準位にN_2個あるとして，フォトンがn個ある確率をP_nとすると，確率の時間変化率は

$$\frac{dP_n}{dt} = -(AN_1 + AN_2)nP_n + AN_2(n+1)P_{n+1} + AN_1(n-1)P_{n-1}$$
$$- AN_2 P_n + AN_2 P_{n-1} \tag{13.11}$$

式(13.11)右辺の上段は誘導放出ないし誘導吸収項，下段は自然放出項であり，それぞれフォトンがn個存在する確率を増減させる．Aはアインシュタイン自然放出係数である．このフォトン存在確率のレート方程式はマスタ方程式とも呼ばれる．

平均フォトン数

$$\langle n \rangle = \sum_{n=1}^{\infty} nP_n \tag{13.12}$$

の運動方程式を式(13.11)から求めると

$$\frac{d\langle n \rangle}{dt} = -A(N_1 - N_2)\langle n \rangle + AN_2 \tag{13.13}$$

となり，$t=0$において$\langle n \rangle = \langle n_0 \rangle$とおけば

$$\langle n \rangle = \left(\langle n_0 \rangle + \frac{N_2}{N_2 - N_1}\right) e^{A(N_2 - N_1)t} - \frac{N_2}{N_2 - N_1} \tag{13.14}$$

が得られる．ここで，

反転分布パラメータないし自然放出係数：$n_{sp} = \dfrac{N_2}{N_2 - N_1}$
$$\tag{13.15}$$

利得：$G = e^{A(N_2 - N_1)t} \tag{13.16}$

とおけば，式(13.14)は

$$\langle n \rangle = \langle n_0 \rangle G + (G-1)n_{\mathrm{sp}} \tag{13.17}$$

と変形できる．これは，入力信号$\langle n_0 \rangle$が，媒質通過時間tで決まる利得Gで増幅されると共に，自然放出光n_{sp}が利得$(G-1)$で増幅されて付加されていることを示す．

同様に，フォトン数の自乗平均

$$\langle n^2 \rangle = \sum_{n=1}^{\infty} n^2 P_n \tag{13.18}$$

を支配する運動方程式を式(13.11)から求めると

$$\frac{d\langle n^2 \rangle}{dt} = 2A(N_1 - N_2)\langle n^2 \rangle + A(N_1 + 3N_2)\langle n \rangle + AN_2 \tag{13.19}$$

であり，これを初期条件$t=0$，$\langle n \rangle = \langle n_0 \rangle$，$\langle n^2 \rangle = \langle n_0^2 \rangle$で解くと

$$\langle n^2 \rangle = \langle n_0 \rangle G + (G-1)n_{\mathrm{sp}} + 4G(G-1)n_{\mathrm{sp}}\langle n_0 \rangle$$
$$+ 2(G-1)^2 n_{\mathrm{sp}}^2 + G^2 \left(\langle n_0^2 \rangle - \langle n_0 \rangle \right) \tag{13.20}$$

が得られる．以上からフォトン数分散を求めると次のようになる．

$$\sigma^2 = \langle n^2 \rangle - \langle n \rangle^2 = \langle n_0 \rangle G + (G-1)n_{\mathrm{sp}} + 2G(G-1)n_{\mathrm{sp}}\langle n_0 \rangle$$
$$+ 2(G-1)^2 n_{\mathrm{sp}}^2 + G^2 \left(\langle n_0^2 \rangle - \langle n_0 \rangle^2 - \langle n_0 \rangle \right) \tag{13.21}$$

第1項は，信号光揺らぎ（増幅されたショット雑音）で，ポアソン分布であるなら，平均値＝分散から理解しやすい．

第2項は増幅された自然放出光の揺らぎである．

第3項は増幅された信号光と増幅された自然放出光のビート雑音で，正負のビート周波数が折り返されるので2倍になっている．

第4項は増幅された自然放出光間のビート雑音である．

最後の項は，信号をレーザ光とするとポアソン分布であるので0となる．

光増幅器は利得幅が広いので，自然放出光も広いスペクトルをもっている（図 **13.7**）．信号スペクトルが狭い場合には光学フィルタを用いて雑音スペクトルを削減できる．

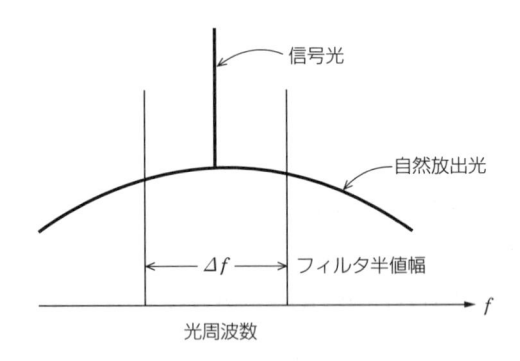

図 **13.7** 光増幅器スペクトル

帯域幅 Δf のフィルタを用いるとき，単位時間当たりの平均フォトン数は

$$\langle N \rangle = \langle N_0 \rangle G + (G-1) n_{\mathrm{sp}} \Delta f \tag{13.22}$$

フォトン数揺らぎの電力スペクトル密度は

$$\sigma_N^2 = \langle n_0 \rangle G + (G-1) n_{\mathrm{sp}} \Delta f + 2G(G-1) n_{\mathrm{sp}} \langle N_0 \rangle \\ + 2G(G-1)^2 n_{\mathrm{sp}}^2 \Delta f \tag{13.23}$$

となる．これまでは，信号光と同一偏波の自然放出光のみを考慮したが，偏波依存性のない光増幅器では自然放出光電力は2倍となる．同一偏波間でビートが発生するので，自然放出光間ビート雑音は式(13.23)で2倍にする必要がある[*1]．

[*1] ビート雑音のわかりやすい解説は，石尾秀樹監修："光増幅器とその応用"，オーム社(1992)が最良である．

あとがき と 参考文献
For Further Study and References

　等価回路論の基本的発想は，恩師の東京大学名誉教授斎藤成文先生の
　　　"電子ビーム・電磁回路論"，オーム社（1960）
にある．電子ビームにマイクロ波回路から励起される波の振舞いを等価回路で解析すると，不思議な分散特性の波を利用した増幅器ができる．今から考えると恥ずかしいところもあるが，先生の発想を徹底的にまねをしていた．パイロ効果で信号波を赤外線で励起して，これを超音波パラメトリック増幅器で増幅することを，方形共振板の共振モードを三つ選んで同調し解析，実験した．自分で構成した理論の美しさに感激した．
　　　T. Ozeki and S. Saito: "Pyroelectric detector coupled with ultrasonic parametric amplifier", IEEE J. Quantum Electronics, vol. QE-8, pp. 289-295（1972）
　　　黒川兼行: "マイクロ波回路入門"，丸善（1963）
は本書で採用している「電力波複素振幅を伝達関数行列の状態ベクトルとする」思想の根源になっている．当時ベル研究所におられ，パラメトリック増幅器の雑音測度論などと共に
　　　K. Kurokawa: IEEE Trans., MTT, vol.13, p. 875（1965）
で電力波複素振幅を状態ベクトルにする提案をなされている．
　もう一つの流れは，当時博士課程の先輩である木村達也さん（NTT基礎研所長を経て，NEC支配人）のリーダシップで輪講した
　　　W. H. Louisell: "Radiation and Noise in Quantum Electronics", McGraw-Hill（1964）
である．これは，現在大学院で開講している"量子光波光学"でも，演算子代数の基礎として活用している．この流れの根底には
　W. E. Lamb と M. Scully のレーザの量子論，例えば
　　　第10回フェルミ物理学校予稿集: "Quantum Optics", Academic Press（1969）
の美しい理論がある．
　この大きな二つの流れに乗りながら，光伝送システムの研究開発を眺めるとき本書が生まれた．

実質的に参考書として用いたもののいくつかをあげる．

　　　　岡本勝就: "光導波路の基礎"，コロナ社（1992）
　　　　石尾秀樹監修: "光増幅器とその応用"，オーム社（1992）
　　　　小西良弘: "マイクロ波回路の基礎とその応用"，総合電子出版社（1990）
　　　　M. Born and E. Wolf: "Principles of Optics", Pergamon Press（1964）

　この"光学の原理"はやはり，木村達也さん，埋込みレーザを創始した日立製作所中央研究所の塚田俊久さんらと輪講したものである．しかし，マイクロ波の厳密さからみると理解しにくい点が多く，マイクロ波的基礎から勉強しなおした．しかし，現在でもよくチェックに使う"光導波路の基礎"と並んでもう一つの"光学のバイブル"である．

索　　引
Index

あ

アイ図形 …………………… 69
アイドラ波 ………………… 57
アイ劣化 …………………… 70, 106
アインシュタイン自然放出係数
　　………………………… 136

い

異常光線 …………………… 64
位相シフト（推移） ……… 7, 12
位相推移回路 ……………… 93
位相推移差（リタデーション），
　　位相差 ……………… 14, 66
位相速度の同期，位相整合，
　　位相同期 …………… 56, 62
位相定数（phase constant） …… 4, 73
位相定数不整合 …………… 51, 100
位相特性の異なる光回路 …… 100
位相不整合量（phase mismatch）
　　………………………… 59
位相面変化，変形 ………… 31, 45
一様な分布結合（uniformly coupled
　　waveguides） ………… 50
一様な分布定数線路 ……… 3
異方性結晶 ………………… ii

異方性媒質 ………………… 61
色分散 ……………………… ii, 71
インピーダンス変換公式 …… 38

う

薄肉レンズ ………………… 37

え

エネルギー交換 …………… 51
エネルギー分配 …………… 12, 115
エネルギー保存則 ………… 58
エバネッセント波 ………… 50
演算子 ……………………… 32, 46
演算子表現 ………………… 109

お

オイラーの一般化回転 …… 12, 93
オイラーの回転 …………… 16
往復伝達関数行列 ………… 119

か

開口面 ……………………… 42
カイ自乗分布（chi-square
　　distribution, Maxwellian） … 112
回折積分表現 ……………… ii
回折格子形ラティスフィルタ …… 100

回折格子ピッチ……………… 101
回折損失 ……………………… 36
回 転 ………………………… 93
回転操作 ……………………… 17
ガウス関数強度分布 ………… 34
片道の伝達関数行列 ………… 119
可変位相シフト ……………… 124
可変分散等化器 ……………… 122
絡み合った二つの光子 ……… 56

き

幾何光学 ……………………… 36
帰還付きシフトレジスタ ………… 68
擬似ランダム符号列 ……………… 67
基底モード ………………… 24, 27
帰納法 ……………………… 94, 99
基本行列 ……………………… 5
基本的解法（分布結合方程式の）
 ……………………………… 54
奇モード ……………………… 52
逆行列 ………………………… 94
逆散乱法 ……………………… 81
逆問題 ………………………… 1
球面鏡 ………………………… 36
球面波 ………………………… ii
球面波解 ……………………… 32
境界条件 ……………………… 26
共焦点距離 …………………… 35
共焦点系 ……………………… 36
共振周波数 …………………… 97
極（pole）…………………… 97
曲 率 ………………………… 38
近軸光線 ……………………… ii
近軸光線近似（paraxial ray
 approximation）……… 31, 32

近軸領域 ……………………… 43

く

空間コヒーレンス …………… 36
空間周波数領域 ……………… 47
空間的回路 …………………… 93
偶モード ……………………… 52
屈折率近似式 ………………… 29
屈折率だ円体 ……………… 63, 64
群屈折率（group index）…… 28
群遅延時間 …………………… 22
群遅延時間分散 ……………… 87

け

係数比較法 …………………… 83
結合位相 ……………………… 100
結合長 ………………………… 52
結合定数 ……………………… 101
結合方程式 …………………… 49
結合リング共振器 …………… 98
結 像 ………………………… 32
ゲート漏れ電流……………… 132
原形フィルタ ………………… 83

こ

コ ア ………………………… 25
高インピーダンス形増幅器……… 131
高次PMD …………………… 107
格子回路 ……………………… 83
格子ソリトン ………………… 75
光子の衣を着た原子 ………… 54
後進波 ………………………… 54
構造分散 ……………………… 29
広帯域波長多重システム……… 135
光波インピーダンス ……… 5, 69

光波伝搬 …………………… 61
光波の伝わり方 …………… 31
後方レイリー散乱 ………… 117
古典的光学系 ……………… 31
コヒーレント光 …………… 131
固有スポットサイズ ……… 36
固有ベクトル ……………… 110
固有モード ………………… 52

さ

再合成 ……………………… 45
最小の実効帯域幅 ………… 69
材料分布 …………………… 29
散乱行列 ………………… 2, 7

し

紫外線干渉縞 ……………… 54
時間応答遅れ ……………… 76
軸対称 ……………………… 25
自己位相変調 ……………… 78
思考実験 …………………… 31
自乗余弦波形 …………… 67, 69
自然放出光 ………………… 137
自然放出光の揺らぎ ……… 137
実空間 ……………………… 47
遮断域 …………………… 5, 55
周期構造 …………………… 58
自由空間伝搬 ……………… 31
収束する近軸光線 ………… 33
受信回路伝達関数 ………… 132
出力電力波複素振幅 ……… 8
主偏波状態 (PSP: principal state of polarization) …… 110
順問題 ……………………… 1
常光線 ……………………… 64

焦点距離 …………………… 32
ショット雑音電流分散 …… 130
ジョーンズ行列 ………… 2, 17
信号光揺らぎ ……………… 137
進行波 ……………………… 54
信号波 ……………………… 56
振幅最平たんフィルタ …… 85

す

スカラ量 …………………… 25
スクイーズド光波 ………… 56
図式解法 …………………… 38
ステップ状屈折率分布 …… 25
ストークスパラメータ …… 2
スピン演算子 ……………… 114
スミス線図 ………………… 38

せ

正規化位相定数 …………… 28
生成演算子 ………………… 107
生成関数群 ………………… 68
石英ガラス ………………… 25
セルフォックレンズ ……… 37
セルマイア (Sellmeier) の多項式 …………………… 29

そ

相互作用長 ………………… 76
増幅利得係数 ……………… 56
速度限界 …………………… 56
ソリトン ………………… ii, 80
ソリトン光伝送方式 ……… 77

た

対角化 ……………………… 109

対角化演算子 …………… 124
対称回転操作 ……………… 57
対称行列 …………………… 11
対称群 …………………… 12, 93
第2種チェビシェフ多項式 ……… 122
多項式形光ラティス回路合成法
　………………………………… 92
多項式表現 ………………… 99
縦位相差，縦位相推移 …… 12, 93
多ポート光スイッチ ……… 36
単一モードファイバ ……… 24
タングステンランプ ……… 130

ち

遅延時間差回路 …………… 93
遅延時間補償 ……………… 124
遅延フィルタ ……………… 97
地球規模ネットワーク …… 106
チャーピング ……………… 80
超広帯域伝送 ……………… 107
直列回折格子ラティスフィルタ
　………………………………… 101

つ

通過域 …………………… 5, 55

て

定距離円 …………………… 41
定距離円群 ………………… 39
定固有スポットサイズ円 … 41
定在波 ……………………… 6
ディジタル同期方式SDH … 84
定抵抗円 …………………… 41
テイラー展開 …… 73, 77, 106, 112
テイラー展開係数 ………… 111

定リアクタンス円 ………… 41
デュオバイナリー符号 …… 67
電圧の連続性 ……………… 8
電界強度分布 …………… 47, 48
電気光学結晶 ……………… 64
電気光学効果 ……………… 61
電気光学効果結晶 ………… 36
点　群 ……………………… 57
伝送特性評価 ……………… 68
伝送容量 …………………… 106
テンソル …………………… 62
伝達関数行列 …… 12, 16, 117
伝達関数微分演算子 ……… 108
伝達関数表現 ……………… 72
伝達行列 (transfer matrix)
　………………………………… 2, 100
転置行列 …………………… 11
伝搬遅延 …………………… 115
伝搬定数 (propagation constant)
　………………………………… 4, 55
電流，電圧の連続性 ……… 8
電流電圧変換形受信器方式 … 131
電流の連続性 ……………… 8
電力計 ……………………… 6
電力波表現 ………………… 6
電力波複素振幅 …………… 2
電力マトリックス ………… 13

と

等化光回路 ………………… 125
等価ベクトル表現 ………… 114
等価変換 …………………… 112
等化法 ……………………… 106
導波路回折格子 …………… ii
導波路グレーティング …… 49

に

二準位系モデル ……………… 135
入射電力波複素振幅 …………… 8

ね

熱放射 ……………………… 130

は

排他的論理和 (exclusive OR) …… 68
ハイブリッドモード ……………… 24
パウリスピン演算子 ……………… 13
波形劣化 …………………… 71, 106
パーシャルレスポンス方式 ……… 70
波数ベクトル ……………………… 42
バタワースフィルタ ……………… 83
パターン効果 ……………………… 68
波長多重ネットワーク …………… 91
波長多重方式 (システム) …… 47, 88
波長チャネル ……………………… 129
波長分割多重 (WDM) …………… 56
波長変換 ……………………… 56, 61
発散する近軸光線 ………………… 33
波動インピーダンス ………… 5, 17
波動光学 …………………………… 36
波動方程式 ………………………… 4
波面曲率半径 ……………………… 35
波面操作 …………………………… 34
波面の遅れ ………………………… 33
波面の法線 ………………………… 62
波面の進み ………………………… 33
波面の曲がり ……………………… 32
波面法線 …………………………… 64
パラメトリック増幅 ……………… 49

トランスバーサルフィルタ ……… 92
パラメトリック増幅器 …………… 54
パラメトリック光増幅器 ………… 56
反射係数 …………………………… 7
パンダファイバ回転接続構造 …… 93
半導体レーザ ……………………… 36

ひ

光回路合成法 ……………………… 91
光カー効果 ………………………… 77
光カー効果係数 …………………… 75
光加入者システム ………………… 88
光受信器 …………………… 84, 129
光増幅器 …………………………… 135
光電流 ……………………………… 130
光電力波後進波 …………………… 7
光電力波前進波 …………………… 7
光電力波複素振幅ベクトル
　（偏波状態） ……………………… 19
光ネットワークアナライザ (optical
　network analyzer) …………… 21
光パラメトリック増幅 …………… ii
光非線形効果 ……………………… 76
光ファイバ増幅器 …………… 76, 121
光ファイバの伝達関数表現 ……… 73
光変調器 …………………………… 36
光ラティス回路 …………………… 97
非線形結晶 …………………… ii, 61
非線形光学効果 …………… 49, 54
非線形シュレーディンガー方程式
　……………………………… 78, 80
非線形素子 ………………………… 126
非線形分極 ………………………… 56
非線形分極波 ……………………… 56
ビット誤り率 ……………………… 133
ビート雑音 ………………………… 137

ビームスポットサイズ ………… 35
ビーム伝搬法（BPM: beam
　propagation method）
　……………… ii, 2, 31, 45, 47, 78

ふ

ファブリペロー光共振器 ………… 36
フィルタ合成論………………………ii
フェルマーの原理 ……………… 38
フォトン統計………………………130
複素距離 ………………………… 35
複素ビーム（complex beam
　representation）……………… ii, 34
複素ビーム（ガウス波）近似 ……… 31
複素ビームパラメータ …………… 38
符号間干渉 ……………………… 68
符号列の同期 …………………… 68
物理的回転 ……………………… 12
部分分数展開 ………………… 102
フラウンホーファー回折領域近似
　………………………………… 44
フラウンホーファー近似 ………… 42
ブラッグ周波数………………… 101
ブラッグ波長…………………… 101
フーリエ光学 …………………… 42
フーリエ変換 …………………… 42
フレネル回折表現 ……………… 44
フレネル近似 …………………… 42
分　　散 ………………………… 72
分散関係 ………………………… 75
分散性媒質 ……………………… 75
分散ひずみ …………………… 110
分散方程式 ……………………… 24
分散補償ファイバ（DCF）…… ii, 122
分布結合 …………………… 54, 56
分布結合線路 ……………… ii, 49
分布結合定数 …………………… 50
分布結合方程式 ………………… 54

へ

平行平板 ………………………… 37
平面波展開（planewaves
　expansion）……………… ii, 42, 45
平面光集積回路（PLC: planer
　lightwave circuit）………… 93, 125
並列形回折格子ラティスフィルタ
　………………………………… 103
並列帰還形増幅器 …………… 131
ベッセル・トムソンフィルタ … 83, 84
ベッセル関数系 ………………… 25
変換公式 ………………………… 38
偏芯度 …………………………… 25
偏波依存フィルタ……………… 107
偏波依存分散 …………………… 71
偏波角 …………………………… 14
偏波主軸状態（PSP: principal
　state of polarization）………… 106
偏波状態測定（polarization
　state measurement）………… 19
偏波状態測定器（polarization state
　analyzer）……………………… 20
偏波モードの表現 ……………… 10
偏波モード分散等化器 ………… ii
偏波モード分散の測定………… 117
偏波モード分散（PMD）……… ii, 106

ほ

ポアソン分布…………………… 130
ポアンカレ球面（Poincaré sphere）
　………………………………… 14

ポインティングベクトル
　　……………………… 30, 62, 63
方形導波管 ……………………… 27
方向性結合器 ……………………… ii
放射ビーム ……………………… 36
補助レンマ ……………………… 116
ホログラム ……………………… 42
ポンプ波 ……………………… 56

ま

マッハツェンダ形格子等化回路 …… ii
マッハツェンダ干渉回路形 ………… ii
マッハツェンダ光回路構造 ……… 93

み

密度行列 ……………… 13, 107, 117

も

モードインピーダンス (mode
　impedance) ……………… 24, 28
モードの結合 …………………… 53
モードの縮退 …………………… 53
モード関数 ……………………… 27
モード分散 ……………………… 28
モード変換 ……………………… 116

ゆ

誘電体多層膜フィルタ …………… 88
有理関数形 ……………………… 83
有理関数形光フィルタ …………… 97
有理関数フィルタ ………………… 97
ゆっくりした関数 ………………… 34
ユニタリ演算子 ………………… 109
ユニタリ行列 ……………… 12, 117
ユニタリ性の条件 ……………… 100

よ

横位相差 ……………………… 12
横位相推移 …………………… 93

ら

ラティス回路合成 ………………… ii
ラプラス逆変換 ………………… 51
ラプラス変換 …………………… 50
ラマン増幅 …………………… 135

り

理想フィルタ …………………… 83
利得係数 ……………………… 59
量子光学 ……………… 56, 130

る

ルンゲ・クッタ法 ……………… 78

れ

レイリー散乱 ……………………… ii
レンズ ………………………… 32
レンズ状媒質（セルフォックレンズ）
　……………………………… 37
連成振り子 …………………… 53

A

*ABCD*行列 ……………………… 5

B

BPM (beam propagation method)
　……………… ii, 2, 31, 45, 47, 78

C

chi-square distribution, Maxwellian ... 112
chi-square distribution of third order ... 106
complex beam representation ... 34

D

DCF (dispersion compensation fiber) ... ii, 122
description of polarization modes ... 10
description of wave propagation ... 31

E

equalization of the first-order PMD ... 123
exclusive OR ... 68

F

FET雑音係数 ... 132
FET相互コンダクタンス ... 132
fundamental matrix ... 5
F行列（基本行列：fundamental matrix） ... ii, 5

G

group index ... 28

M

maximum length code ... 68
measurement of polarization mode dispersion ... 117
MMI素子 ... 47
MMI素子の構造 ... 47
mode dispersion ... 28
mode impedance ... 28
M系列 ... 68

O

optical network analyzer ... 21
optical transversal filters ... 92
OTDM (optical time division multiplex: 光領域時分割多重方式) ... 56, 124

P

paraxial ray approximation ... 32
phase constant ... 4
planewaves expansion ... 42
PLC (planer lightwave circuit) ... 91, 93
PMD (polarization mode dispersion) ... ii, 106
PMD演算子 ... 108
PMD基本パラメータ ... 111, 112, 117, 119, 124
PMD統計分布 ... 106
PMDの模式的説明 ... 107
Poincaré sphere ... 14
polarization state analyzer ... 20
polarization state measurement ... 19
pole ... 99
propagation constant ... 4

PSP (principal state of
　polarization) ·············· 106, 110

Q

Q 因子 (Q-factor) ····················· 134

R

RZ/WRZ 符号 ························· ii

S

scattering matrix ····················· 2
split-step-Fourier tansform
　method ························· 76
S 行列 ····························· ii, 88

T

Taylor expansion ···················· 73
TE$_{10}$ モード ························· 27
the first-order PMD ············· 106
the second-order PMD ··········· 106
transfer matrix ················ 2, 100
T 行列 ························ ii, 88, 101

U

uniformly coupled waveguides
　·································· 50

V

vector representation ············· 114

W

WDM (wavelength division
　multiplex) ························ 56

数　字

1次 PMD (the first-order PMD)
　···································· 106
1次 PMD 演算子 ········ 109, 113, 119
1次 PMD の等化法 ················· 123
1次 PMD のベクトル表現 ········ 118
1次ソリトン解 ······················ 80
2階非線形光学定数テンソル ····· 57
2次 PMD (the second-order PMD)
　···································· 106
2次 PMD 演算子 ········ 109, 113, 118
2次 PMD の測定 ······················ 23
2倍高調波 ··························· 126
3次カイ自乗分布 (chi-square
　distribution of the third-order)
　···································· 106

―― 著者略歴 ――

小関　健
おぜき　たけし

昭40東大・工・電子工学卒，昭42及び昭45同工学系大学院修士，博士了．昭45（株）東芝入社．総合研究所などで光通信システム及び電子デバイスの研究開発に従事．電子部品研究所長などを歴任．平4より上智大・工・電気電子工学科教授．現在の研究領域は，超高速光ネットワークシステムを中心に偏波モード分散論，光回路合成論，量子情報ネットワーク，情報社会論など．著書「グローバルメディア革命」，リベルタ出版(1998)，「Mathcadによる光システムの基礎」，森北出版(1999) など．

光 伝 送 回 路
Optical Network and Circuit Synthesis

平成12年 9月20日　初版第1刷発行	編　者	㈳電子情報通信学会
	発行者	家　田　信　明
	印刷者	山　岡　景　仁
	印刷所	三美印刷株式会社
	〒116-0013	東京都荒川区西日暮里5-9-8
	制　作	株式会社　エヌ・ピー・エス
	〒111-0051	東京都台東区蔵前2-5-4北条ビル

© 社団法人　電子情報通信学会 2000

発行所　社団法人　電子情報通信学会
〒105-0011　東京都港区芝公園3丁目5番8号(機械振興会館内)
電　話　(03)3433-6691(代)　　振替口座　00120-0-35300
ホームページ　http://www.ieice.org/

取次販売所　株式会社　コロナ社
〒112-0011　東京都文京区千石4丁目46-10
電　話　(03)3941-3131(代)　　振替口座　00140-8-14844
ホームページ　http://www.coronasha.co.jp

ISBN 4-88552-173-4　　　　　　　　　　　　　　　Printed in Japan